学术引领系列

中国学科发展战略

润滑材料

国家自然科学基金委员会
中 国 科 学 院

科 学 出 版 社
北 京

图书在版编目（CIP）数据

润滑材料／国家自然科学基金委员会，中国科学院编. —北京：科学出版社，2019.7

（中国学科发展战略）

ISBN 978-7-03-061592-3

Ⅰ. ①润… Ⅱ. ①国… ②中… Ⅲ. ①润滑剂-学科发展-发展战略-中国 Ⅳ. ①TE626.3-12

中国版本图书馆 CIP 数据核字（2019）第 113216 号

丛书策划：侯俊琳 牛 玲

责任编辑：朱萍萍 陈 琼／责任校对：彭珍珍

责任印制：师艳茹／封面设计：黄华斌 陈 敬

联系电话：010-64035853

E-mail: houjunlin@mail.sciencep.com

科学出版社 出版

北京东黄城根北街 16 号

邮政编码：100717

http: //www.sciencep.com

中国科学院印刷厂 印刷

科学出版社发行 各地新华书店经销

*

2019 年 7 月第 一 版 开本：720×1000 1/16

2019 年 7 月第一次印刷 印张：11 1/2

字数：232 000

定价：78.00 元

中国学科发展战略

中国学科发展战略·润滑材料

研　究　组

组　长：刘维民

成　员（以姓氏笔画为序）：

马建霞　王齐华　王晓波　王黎钦　古　乐
田　煜　汤仲平　严新平　李　健　李红轩
杨　军　张广安　张东恒　张永胜　张春辉
张俊彦　张晟卯　邵天敏　周　峰　袁成清
雒建斌

秘　书：李维民　魏　秀

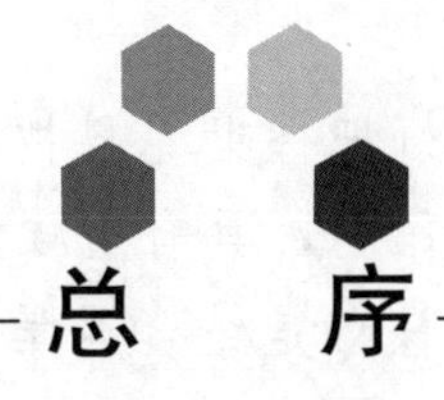

总　序

白春礼　杨　卫

17 世纪的科学革命使科学从普适的自然哲学走向分科深入，如今已发展成为一幅由众多彼此独立又相互关联的学科汇就的壮丽画卷。在人类不断深化对自然认识的过程中，学科不仅仅是现代社会中科学知识的组成单元，同时也逐渐成为人类认知活动的组织分工，决定了知识生产的社会形态特征，推动和促进了科学技术和各种学术形态的蓬勃发展。从历史上看，学科的发展体现了知识生产及其传播、传承的过程，学科之间的相互交叉、融合与分化成为科学发展的重要特征。只有了解各学科演变的基本规律，完善学科布局，促进学科协调发展，才能推进科学的整体发展，形成促进前沿科学突破的科研布局和创新环境。

我国引入近代科学后几经曲折，及至 20 世纪初开始逐步同西方科学接轨，建立了以学科教育与学科科研互为支撑的学科体系。新中国建立后，逐步形成完整的学科体系，为国家科学技术进步和经济社会发展提供了大量优秀人才，部分学科已进入世界前列，有的学科取得了令世界瞩目的突出成就。当前，我国正处在从科学大国向科学强国转变的关键时期，经济发展新常态下要求科学技术为国家经济增长提供更强劲的动力，创新成为引领我国经济发展的新引擎。与此同时，改革开放 30 多年来，特别是 21 世纪以来，我国迅猛发展的科学事业蓄积了巨大的内能，不仅重大创新成果源源不断产生，而且一些学科正在孕育新的生长点，有可能引领世界学科发展的新方向。因此，开展学科发展战略研究是提高我国自主创新能力、实现我国科学由“跟跑者”向“并行者”和“领跑者”转变的一项基础工程，对于更好把握世界科技创新发展趋势，发挥科技创新在全面创新中的引领作用，具有重要的现实意义。

学科发展战略研究的核心是结合科学技术和经济社会的发展需求，在分析科学前沿发展趋势的基础上，寻找新的学科生长点和方向。在这个过程中，战略科学家的前瞻引领作用十分重要。科学史上这样的例子比比皆是。在 1900 年 8 月巴黎国际数学家代表大会上，德国数学家戴维·希尔伯特发表了题为“数学问题”的著名讲演，他根据过去特别是 19 世纪数学研究的成果和发展趋势，提出了23个最重要的数学问题，即“希尔伯特问题”。这些“问题”后来成为许多数学家力图攻克的难关，对现代数学的研究和发展产生了深刻的影响。1959 年 12 月，美国物理学家、诺贝尔奖得主理查德·费曼在加利福尼亚理工学院举行的美国物理学会年会上发表了题为“物质底层大有空间——一张进入物理新领域的请柬”的经典讲话，对后来出现的纳米技术作出了天才的预见。

学科生长点并不完全等同于科学前沿，其产生和形成不仅取决于科学前沿的成果，还决定于社会生产和科学发展的需要。1841 年，佩利戈特用钾还原四氯化铀，成功地获得了金属铀，但在很长一段时间并未能发展成为学科生长点。直到 1939 年，哈恩和斯特拉斯曼发现了铀的核裂变现象后，人们认识到它有可能成为巨大的能源，这才形成了以铀为主要对象的核燃料科学的学科生长点。而基本粒子物理学作为一门理论性很强的学科，它的新生长点之所以能不断形成，不仅在于它有揭示物质的深层结构秘密的作用，还在于其成果有助于认识宇宙的起源和演化。上述事实说明，科学在从理论到应用又从应用到理论的转化过程中，会有新的学科生长点不断地产生和形成。

不同学科交叉集成，特别是理论研究与实验科学相结合，往往也是新的学科生长点的重要来源。新的实验方法和实验手段的发明，大科学装置的建立，如离子加速器、中子反应堆、核磁共振仪等技术方法，都促进了相对独立的新学科的形成。自 20 世纪 80 年代以来，具有费曼 1959 年所预见的性能、微观表征和操纵技术的仪器——扫描隧道显微镜和原子力显微镜相继问世，为纳米结构的测量和操纵提供了“眼睛”和“手指”，使得人类能更进一步认识纳米世界，极大地推动了纳米技术的发展。

作为国家科学思想库，中国科学院（以下简称中科院）学部的基本职责和优势是为国家科学选择和优化布局重大科学技术发展方向提供科学依据、发挥学术引领作用，国家自然科学基金委员会（以下简称基金委）则承担着协调学科发展、夯实学科基础、促进学科交叉、加强学科建设的重大责任。继基金委和中科院于2012年成功地联合发布“未来10年中国学科发展战略研究”报告之后，双方签署了共同开展学科发展战略研究的长期合作协议，通过联合开展学科发展战略研究的长效机制，共建共享国家科学思想库的研究咨询能力，切实担当起服务国家科学领域决策咨询的核心作用。

基金委和中科院共同组织的学科发展战略研究既分析相关学科领域的发展趋势与应用前景，又提出与学科发展相关的人才队伍布局、环境条件建设、资助机制创新等方面的政策建议，还针对某一类学科发展所面临的共性政策问题，开展专题学科战略与政策研究。自2012年开始，平均每年部署10项左右学科发展战略研究项目，其中既有传统学科中的新生长点或交叉学科，如物理学中的软凝聚态物理、化学中的能源化学、生物学中的生命组学等，也有面向具有重大应用背景的新兴战略研究领域，如再生医学、冰冻圈科学、高功率、高光束质量半导体激光发展战略研究等，还有以具体学科为例开展的关于依托重大科学设施与平台发展的学科政策研究。

学科发展战略研究工作沿袭了由中科院院士牵头的方式，并凝聚相关领域专家学者共同开展研究。他们秉承“知行合一”的理念，将深刻的洞察力和严谨的工作作风结合起来，潜心研究，求真唯实，“知之真切笃实处即是行，行之明觉精察处即是知”。他们精益求精，“止于至善”，“皆当至于至善之地而不迁”，力求尽善尽美，以获取最大的集体智慧。他们在中国基础研究从与发达国家“总量并行”到“贡献并行”再到“源头并行”的升级发展过程中，脚踏实地，拾级而上，纵观全局，极目迥望。他们站在巨人肩上，立于科学前沿，为中国乃至世界的学科发展指出可能的生长点和新方向。

各学科发展战略研究组从学科的科学意义与战略价值、发展规律和研究特点、发展现状与发展态势、未来5～10年学科发展的关键科学问题、发展思路、发展目标和重要研究方向、学科发展的有效资助机制与政策建议等方面进行分析阐述。既强调学科生长点的科学意义，也考虑其重要的社会价值；既着眼于学科生长点的前沿性，也兼顾其可能利用的资源和条件；既立足于国内的现状，又注重基础研究的国际化趋势；既肯定已取得的成绩，又不回避发展中面临的困难和问题。主要研究成果以“国家自然科学基金委员会—中国科学院学科发展战略”丛书的形式，纳入“国家科学思想库—学术引领系列”陆续出版。

基金委和中科院在学科发展战略研究方面的合作是一项长期的任务。在报告付梓之际，我们衷心地感谢为学科发展战略研究付出心血的院士、专家，还要感谢在咨询、审读和支撑方面做出贡献的同志，也要感谢科学出版社在编辑出版工作中付出的辛苦劳动，更要感谢基金委和中科院学科发展战略研究联合工作组各位成员的辛勤工作。我们诚挚希望更多的院士、专家能够加入到学科发展战略研究的行列中来，搭建我国科技规划和科技政策咨询平台，为推动促进我国学科均衡、协调、可持续发展发挥更大的积极作用。

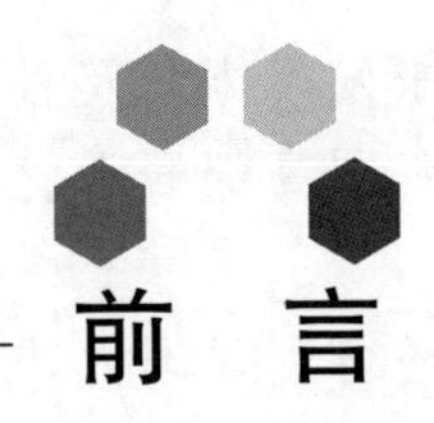

前 言

高端润滑材料一般指应用于高端装备的润滑材料，是航空航天、交通运输、新能源装备等不可或缺的关键材料，对维持运动及动力传动系统的可靠运行、提高生产效率、延长设备使用寿命具有重要作用。随着《中国制造2025》以及“一带一路”倡议等的提出以及我国从“制造大国”向“制造强国”及“智能制造”的产业升级，高端装备制造、航空航天、交通运输、能源、海洋等领域对高端润滑材料的迫切需求更为突出。高端润滑材料的战略研究，旨在通过对我国润滑材料的发展历程、技术瓶颈、产业需求、学科前沿等进行分析，提出我国润滑材料发展方向及重点研究领域，为高端润滑材料的发展战略提供科学基础与技术支撑。

本书是在中国科学院技术科学部的领导下，由中国科学院刘维民院士牵头，组织国内从事润滑材料科研、生产、应用及信息研究等的30多位专家学者共同完成的。本书分为5章，主要由刘维民院士策划并组织实施。第一章由周峰研究员负责完成，从润滑材料的种类与作用、润滑材料的应用及战略价值、几类重要润滑材料的制备科学与技术等方面进行分析和阐述。第二章由张俊彦研究员负责完成，从润滑材料的历史沿革、润滑材料的发展规律和研究特点等方面进行分析，并提出一些研究发展建议。第三章由马建霞研究员负责完成，总结2007～2016年润滑材料领域的研究状况，并对我国在润滑材料领域的资助情况、资助成果、学术地位、产业现状、人才队伍、平台建设、存在问题及举措等情况进行分析。第四章由王晓波研究员负责完成，主要对润滑材料的制备科学以及高端装备对润滑材料的技术需求、润滑材料的应用现状及发展态势进行分析，指出润滑材料的未来发展方向及目标。第五章由刘维民院士负责完成，重点分析制约我国高端润滑材料发展的关键问题，提出一些机制与政策建议。

在编写过程中，本书还得到了国内外许多同行专家及国家自然科学基金委员会、中国科学院领导的支持、关注与指导，在此一并表示感谢。由于润滑材料种类繁多、高端装备应用领域广泛且受限于战略研究报告篇幅要求与编写时间，本书未能覆盖所有润滑材料，内容中也不可避免地存在不准确、不完善之处，恳请相关专家读者批评指正。

刘维民

中国学科发展战略·润滑材料研究组组长

2018年12月

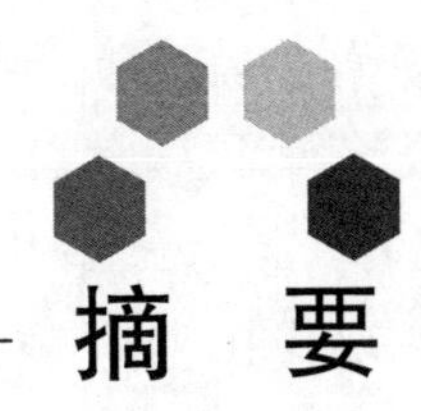

摘 要

高端润滑材料是高端装备制造业的重要支撑材料，也是实现节能减排及动力传动系统平稳可靠运行的重要保障。本书较全面地总结分析了2007～2016年我国润滑材料的研究现状、发展动态、学科发展规律，并指出我国润滑材料领域存在的问题、学科发展趋势及推动产业进步的相关意见和建议。

一、意义与战略价值

高端机械装备向绿色高效、极端工况、高可靠运行等方向的发展，对润滑学科和润滑材料提出更高的要求，使得润滑对国民经济、国防及相关高新技术产业发展的支撑作用更加显著。随着“中国制造2025”、“一带一路”倡议的推进和抢占科技革命制高点的历史必然，有必要重新审视研讨润滑材料学科的发展方向，以提升我国润滑材料在国际上的影响力，支撑我国先进装备制造的发展。现今我国润滑材料的发展呈现雨后春笋般的增长态势，整体产学研水平取得显著进步，为解决我国工业界存在的实际问题及国家重大工程以及国防军工建设提供了有力支撑。随着国家对高技术产业的关注越来越多，润滑材料发展所面临的挑战也越来越多，同时预示着润滑材料面临新的发展机遇。润滑材料科学与技术的发展对高端装备制造业的发展起着重要支撑作用，润滑材料已经成为我国装备制造业升级不可或缺的关键基础材料。

二、发展规律与研究特点

润滑材料是指在摩擦过程中可以降低摩擦、减少磨损的材料，既属于摩擦学也属于材料科学范畴。润滑材料的内涵丰富，包含了绝大多数材料种类，跨接众多学科领域，涉及从微观到介观直至宏观等不同层次、不同跨度的丰富物质结构与性质，在航空、航天、航海、交通、电力、建筑等现代工业领域得到广泛应用，覆盖了从基础科学到工程技术的众多内容。因此，润滑材料既是一个以探索材料科学自身规律为目标的基础学科领域，又是一个与摩擦学密切相关的工程技术领域，是一个多学科交叉的、前沿的、综合性的研究领域，代表了科学技术发展的一种趋势。

润滑材料具有悠久的历史，从古埃及人利用液体（水或油）润滑建造金字塔开始，润滑材料从远古时代的水、动植物油脂发展到工业革命时期的矿物基础油，再到第二次世界大战之后的合成润滑油、固体润滑材料（如石墨、二硫化钼、软金属等），最终发展到现代的固体自润滑复合材料等先进润滑材料，并在材料的合成、制备和使用过程中不断改进、创新，从而发展成为一门独立学科。润滑材料具有独特的发展规律和研究特点，其发展主要得益于以下三个方面：①材料科学、物理学、化学、机械工程等多学科的交叉融合；②工业整体发展水平及对润滑材料的需求；③科学技术进步及高精密测试表征设备的发展。其中材料科学、物理学、化学、机械工程等多学科的交叉融合为润滑材料的制备等提供了理论依据（即怎样制备润滑材料），从而促进了润滑材料学科的发展；工业整体发展水平及对润滑材料的需求为其发展指明了方向（即需要什么样的润滑材料），从而指引学科发展；而科学技术进步及高精密测试表征设备的发展则为研究润滑机理等提供了先进的技术手段（即润滑机制是什么），从而推动了润滑材料学科发展。随着科学、工业和技术的不断进步，润滑材料的发展必将取得更大的突破，为国家高技术工业的发展，尤其是装备制造业的发展提供重要保障。

三、发展现状与发展态势

总体而言，2007～2016 年我国在润滑材料领域的科学研究与产业化均取得了显著的进步，其中在部分研究领域达到了国际先进水平。从论文发表情况来看，2007～2016 年我国在该领域发表研究论文的总数为6559篇，居世界首位。这主要得益于我国经济的快速发展，工业领域新型润滑材料的研究、开发、应用有较强劲的技术需求，因此在该领域的科研投入较多，涌现出大量的科研成果，科学技术水平发展迅速。2007～2016年共检索到润滑材料领域的专利125 567件，总体呈现上升趋势，这表明润滑材料领域的技术创新仍较活跃。总体来看，全球在润滑材料领域的发展趋势主要有以下特点：一是在经费投入方面仍将持续不断增加，相关经费除支持润滑材料基础研究外，应用基础研究和工程化技术研究方面的支持力度将不断增大；二是更加重视关键科研装备的研发及应用；三是润滑材料的标准化程度将越来越高，更多、更高标准的出现将有力地保证润滑材料的性能与质量；四是研究方向和领域将更体现多学科交叉的特点；五是对原创性成果将更加重视。

在学科建设方面，我国在摩擦学与润滑材料领域若干学科方向上取得了重要的进展与突破，形成了一些优势学科与方向以及原创性研究成果，整体学科跻身国际先进水平，如离子液体润滑剂、润滑材料摩擦化学、仿生润滑材料、纳米润滑材料、表面工程摩擦学、超滑等领域。同时，润滑材料研究领域也存在一些值得关注的问题，包括原创性理论成果缺乏、关键核心润滑材料欠缺、科研与产业缺乏融合、关键科研装备自主化水平低、润滑材料标准化有待加强等。

在人才团队建设方面，我国在摩擦学与润滑材料领域新增院士2人、国家杰出青年科学基金获资助者9人、优秀青年科学基金获资助者10人。2人获国际摩擦学金奖（薛群基和温诗铸），表明我国摩擦学与润滑材料研究获得了国际认可。在平台建设方面，2007～2016年有3个新的国家级研究平台获批建设，将为摩擦学与润滑材料的研究增添新的活力。

四、发展思路与发展方向

高端润滑材料的科学研究、设计开发与工程应用是现代机械装备长寿命、高可靠运行的重要保障。本书分别从高端润滑材料的设计制备科学与技术及高端装备对润滑材料的技术需求两个方面对润滑材料的发展现状及未来十年发展布局进行了论述。

（一）在高端润滑材料的设计制备科学与技术方面

矿物基础油是目前用量最大的基础油，约占基础油总量的95%。从总体趋势来看，矿物基础油正逐步从美国石油学会（American Petroleum Institute，API）Ⅰ类基础油向低磷、低硫、低灰分、高氧化安定性、良好清净性和分散性、低挥发性、良好黏温性能和低温流动性的Ⅱ类基础油、Ⅲ类基础油发展。

国内矿物基础油产业应在传统工艺基础上发展具有自主知识产权的加氢工艺技术以提高基础油品质。天然气合成基础油（gas to liquid，GTL）是一类新型高性能基础油，具有成本低、综合性能优异等特点，目前我国尚未掌握该技术。我国应首先从关键催化剂制备及机理研究入手，进一步开展规模化制备工艺研究及装置设计、油品应用验证试验的研究等方面的工作。在现代工业使用的合成基础油中，聚α-烯烃（poly-alpha-olefins，PAO）占30%～40%。随着我国汽车、装备制造业的迅速发展，PAO的需求量逐年上升。为提升我国在PAO基础油方面的研究水平，应重点支持PAO聚合催化剂及聚合工艺的研发，基于我国资源特点发展煤制烯烃制备PAO工艺技术，同时结合装备应用工况需求开展PAO润滑油品的设计开发与使役行为研究。合成酯由于具有独特的分子结构以及优良的综合性能而应用于航空、汽车、石油化工、冶金、机械等工业领域。从发展趋势来看，具有更高热安定性及高温润滑性能合成酯的设计制备、高端装备用合成酯类润滑剂的研发与应用以及具有特殊结构与性能合成酯的设计制备将是未来主要的研究方向。对于植物基润滑材料，新颖的植物基润滑材料创新设计，绿色、低成本、规模化改性工艺技术研究，植物基润滑材料产品的研制与应用以及新型水基植物油润滑剂的研究等将是需要关注的热点。

此外，为满足特殊装备对高端润滑材料性能方面的特殊需求，我国还应当开展油溶性聚醚基础油的研制与工程应用研究，低毒性磷酸酯的研制与磷酸酯水解性能及抑制方法研究，特种合成基础油（全氟聚醚、聚氧硅烷等）用润滑、抗氧、抗腐等添加剂的研究以及高热安定性聚苯醚基础油的研制工作。

添加剂是现代高端润滑油的精髓，润滑油的综合性能、服役特性等在很大程度上受制于添加剂技术的发展。目前全球90%的添加剂市场被美国四大添加剂公司垄断，我国在润滑油添加剂领域的研究水平与国外存在较大差距。新型润滑油单剂的创新设计、性能与机理研究，多功能润滑油添加剂的设计制备与性能研究，环境友好润滑油添加剂的相关研究，润滑油添加剂相互作用关系研究，以及高性能发动机油、工业油复合剂的研制开发与应用，将是我国添加剂产业未来的重点发展方向。润滑脂的应用领域几乎涵盖了工业机械、农业机械、交通运输、航空航天、电子信息和军事装备等各个领域。在润滑脂基础研究方面，应重视润滑脂油膜的分布与厚度研究、润滑脂皂纤维的形成机理研究；在润滑脂应用研究方面，应加强对高端产业（如高速铁路、机器人、风电、汽车、无人机等）用高端设备以及精密制造产业用高速、低噪声和长寿命轴承润滑脂的研发与工程应用。随着我国装备制造业的不断升级，未来十年我国金属加工液市场需求将保持较快增长，其技术水平、产业化、规模化程度将不断提升。因此有必要发展环境友好/纳米水基金属加工液润滑添加剂，开展水基润滑剂的摩擦化学机理以及特种合金（如铝合金、铝镁合金、钛合金）、单晶硅等新材料加工工艺用润滑剂的研制开发与应用等研究工作，以满足我国装备制造产业需求。

在新型润滑材料领域，离子液体是近些年发展的新型润滑材料，因其具有较优异的摩擦磨损性能以及结构的可调控性，引起了摩擦学界的广泛关注。我国在该领域的研究处于国际先进水平。在离子液体润滑材料领域，应当重点关注抗空间辐照离子液体、绿色离子液体润滑剂的设计制备以及离子液体润滑材料的工程应用技术开发等领域。纳米润滑油添加剂拥有良好的减摩、抗磨性能，以及独特的自修复功能，在发动机节能减排、重载工况领域获得应用，但总体仍处于起步阶段。纳米润滑油添加剂的结构、组分与摩擦学性能的量化关系研究，纳米润滑油添加剂的宏量制备技术，纳米润滑油添加剂与其他润滑油添加剂配伍规律研究，自分散纳米润滑油添加剂的设计合成及摩擦学机制研究将是未来十年的主要发展方向。在生物与仿生润滑材料方面，应当开展微结构封存气膜的创新设计思路、原位产生气膜减阻的新设计方法、关节软骨的仿生设计与材料制备、关节润滑液与关节软骨协同作用机制等研究。

在固体润滑材料方面，聚合物基润滑材料应重点关注聚四氟乙烯（polytetrafluoroethylene，PTFE）树脂新改性体系的研发；结构可控和分子量分布可控的高耐热、耐辐射空间环境的聚酰亚胺（polyimide，PI）合成工艺研究及规模化生产工艺开发；聚醚醚酮（polyetheretherketone，PEEK）及其复合材料改性的摩擦机理研究；高润滑性能和力学性能的新型橡胶润滑材料的制备；耐高温、高润滑、耐磨损的新型氟橡胶的合成工艺研究及规模化生产工艺研究；橡胶类聚合物的共混改性研究，高相容性、高分散性的固体润滑材料的工艺研究，以及橡胶的新交联技术、润滑增强技术及相关的基础科学问题研究。金属基润滑材料的发展趋势在于通过组分设计、结构调控、工艺优化开发出高性能的金属基润滑材料，满足机械系统在特殊工况（高温、高速、重载、真空、载流、腐蚀、辐射等）下的使役性能要求，发展重点包括：①结构与功能一体化的金属基润滑材料的新设计、新方法；②极端工况下金属基润滑材料的结构演变与润滑性能的响应关系；③多因素耦合作用下金属基润滑材料的磨损失效机制与延寿方法；④金属基润滑材料使役性能的基础研究等。陶瓷基润滑材料在苛刻工业环境和高技术领域具有广泛的应用前景与价值。在陶瓷基润滑材料领域，应重点关注极端环境服役长寿命陶瓷基润滑材料的仿生设计与可控制备技术研究；界面特性对高韧性仿生结构陶瓷基润滑材料综合性能的影响规律研究；高性能纳米复合陶瓷基润滑材料结构设计与制备技术研究；自修复陶瓷基润滑材料的设计与自修复性能研究；陶瓷基润滑材料与金属构件的高可靠连接技术，极端服役环境下陶瓷基润滑材料和构件的失效仿真模拟及寿命预测研究。固体润滑涂层以其优越的性能在解决高温、高负荷、超低温、高真空、强辐照、腐蚀性介质等特殊及苛刻环境工况下的摩擦、磨损、润滑、防护及动密封问题方面发挥了其他材料不可替代的重要作用，广泛应用于军工高技术领域和民用机械工业领域。结合我国航空航天等军工领域和民用机械工业的发展需要及固体润滑涂层的发展趋势，建议开展以下方面研究：超长寿命固体润滑涂层材料和技术；多环境变工况适应性智能润滑涂层；多功能一体化固体润滑涂层；耐空间暴露环境的润滑与防护涂层；新型陶瓷基高温自润滑耐磨涂层；超低温环境下使用的固体润滑与耐磨涂层；固体润滑涂层在空间、海洋、高低温等工况下的失效机理。

（二）在高端装备对润滑材料的技术需求方面

在车用润滑材料领域，我国车用润滑油脂整体技术水平及标准规范相对落后。为提升我国车用润滑油脂的技术水平，应支持润滑油企业与国内汽车原始装备制造商（original equipment manufacturer，OEM）合作，走中国的汽车发动机油发展之路，即鼓励润滑油企业与汽车行业合作进行发动机配套润滑油脂的同步设计、同步开发，建立适合中国的汽车发动机油台架试验评定方法和产品标准，加大汽车发动机油脂自主创新力度，提高中国汽车发动机油脂的技术竞争力。

在冶金行业中，应开展耐高温、抗水淋、长寿命复合磺酸钙润滑脂及聚脲润滑脂的相关理论研究及产品设计开发与应用；齿轮润滑剂在低速、重载条件下的润滑机制、微点蚀形成机理及抑制方法研究，超高黏度开式齿轮润滑油的研制与应用；油膜轴承润滑油润滑机理研究及长寿命、高可靠性油膜轴承润滑油的研发与应用；新型无灰长寿命液压油的研制及应用研究。

目前我国高速轨道交通装备关键运动部位（如轴承、齿轮、压缩机等）所采用的润滑材料主要依赖进口，严重限制了我国轨道交通装备的健康发展，应努力开展高可靠、长寿命轮对轴承润滑脂的研制、评价及应用；抗电蚀轴承润滑脂的基础研究；高速机车齿轮润滑油的研究与应用；轴承表面工程化与固-液复合润滑技术研究，提高轨道交通润滑材料自主化水平，支撑我国轨道交通行业的发展。

在电力装备润滑材料方面，应开展长服役寿命、更高可靠性的风力发电润滑油脂的研制及在极端苛刻工况（低温、低速、重载等）下的使役行为研究；环境友好水电轴承润滑材料及新型自润滑固体轴承的研制与应用；汽轮机油用新型抗氧化添加剂、腐蚀抑制添加剂、破乳剂的设计制备，复合抗氧体系的研究，以及长寿命汽轮机油的研制与应用；低毒、环境友好高燃点变压器油的研究等方面的相关工作。

工业机器人专用润滑材料的研究成为目前润滑油脂领域的关注热点之一。我国应重视机器人运动过程中的摩擦学问题，开展高性能工业机器人减速器用润滑油脂基础油、关键添加剂组分研制与应用工作，并应尽快制定有关工业机器人配套用油的技术标准和规范。

在航空领域润滑材料方面，需要开展具有更高热安定性的航空发动机油，高温抗氧、抗磨、抗腐蚀添加剂，宽温域通用型航空润滑脂，以及长寿命自润滑关节轴承的研制及相关科学问题研究。

在空间技术领域，长寿命、高可靠润滑材料的设计制备与应用，电接触润滑材料及摩擦磨损机理，以及高速重载强氧化（还原）介质轴承润滑及其失效机理是润滑材料应优先部署的课题。

在海洋装备领域，应开展深海环境下复杂工况的关键运动副摩擦和润滑机理、多功能一体化的新型复合涂层材料、海洋润滑材料的可靠性和装备的寿命问题、在线监测技术等方面研究，以保障海洋装备的安全、可靠和长寿命运行。

五、资助机制与政策建议

2007～2016年我国润滑材料的研究与应用已取得了显著进步，我国对该领域也一直给予关注和支持。为保障我国润滑材料学科领域的健康发展，特提出以下建议。①加强基础研究，重视原创性研究成果；②鼓励学科交叉研究与跨学科合作；③加强学科领域的国际合作与交流；④强化学术界与产业界合作交流；⑤加大投入，重视对核心高技术与高端润滑材料的开发；⑥加强人才队伍建设；⑦重视学科平台建设。

Abstract

High performance lubricant is an important supporting material for high-end equipment manufacturing industry. It also plays a crucial role in achieving energy saving, emission reduction and reliable operation of the power transmission system. The present book provides a comprehensive summary and analysis of the research status and development trends of China's lubricating materials in 2007–2016 and also reveals the disciplinary development rules and puts forward the challenges, problems, comments and suggestions for lubricant material industries.

1. Significance and strategic value

High efficiency, extreme pressure working conditions as well as high reliability operation are the main development trends of high-end machinery and equipment which raise new requirement for lubricating material and make it an essential ingredient for supporting the development of national economy, national defense and related high-tech industries. With the implementation of *China manufacturing 2025* and *the Belt and Road Initiative*, it is necessary to re-examine the development direction of lubricating materials to enhance the influence of China's lubricating materials and support the development of advanced equipment manufacturing. Nowadays, the lubricating material has gained remarkable progress which has provided favorable support for solving practical problems in national industry, major projects, as well as national defense and military construction. Lubricating material faces more and more challenges with the rapid development of equipment manufacturing industry which also indicates new opportunities. Overall, the development of lubricating material science and technology plays an important role in supporting development of high-end equipment manufacturing industry and has become an indispensable material for the upgrading of China's equipment manufacturing industry.

2. Development rules and research characteristics

Lubricating materials, which have the capability to reduce friction coefficients and wear rates during the friction processes, are one of the hot topics in both tribology and materials science. Generally, lubricating materials are quite diverse, which are made up of various materials with different structures (from microscopic to mesoscopic then to macroscopic) and properties. They are widely used in aviation, aerospace, marine, transportation, electricity, construction and other modern industries. People have conducted a lot of research work on lubricating materials from fundamental mechanism to engineering applications. It is not only a basic disciplinary field that aims to explore the intrinsic laws in materials science, but also an area of engineering and technology closely related to tribology. It is a multidisciplinary, cutting-edge and comprehensive research field, representing the trend of science and technology development.

Lubricating materials have been developed for a long time. Water or oil was first used as a lubricant by the ancient Egyptian when they built the pyramids. Afterwards, the simple base oils, for example primary vegetable and animal fats, were employed as the lubricating materials in the ancient age. Mineral oil and various additives were then developed during the Industrial Revolution, and synthetic lubricants, solid lubricating materials, including graphite, molybdenum disulfide and soft metals, were further exploited during the Second World War. Recently, advanced lubricating materials like solid self-lubricating composite materials have been fabricated for different applications.

From time immemorial, the synthesis, preparation and utilization of lubricating materials have been improved and innovated as time goes on, and the research on lubricating material has become an independent discipline. Although different lubricating materials have been developed individually, their development depends on three aspects: (i) the interdisciplinary integration of materials science, physics and chemistry, (ii) the requirements of the overall industrial development for lubrication, and (iii) the development of science, technology and high precise testing equipment. The interdisciplinary integration of materials science, physics and chemistry provides the theoretical basis for the fabrication of lubricating materials (i.e. how to prepare lubricating materials) and promotes the disciplinary development. The requirements of the overall industrial development for lubrication designate the development directions of lubricating materials (i.e. what kind of lubricating material is needed) and guide the disciplinary development. The development of science, technology and high precise testing equipment provids the advanced technological means to understand the lubrication mechanism (i.e. what is the lubrication mechanism) and pushes forward the development of discipline. With the further improvement of science, industry and technology, the development of lubricating materials will surely achieve a greater breakthrough. Lubricating materials will provide a solid foundation for the development of the country, especially the development of equipment manufacturing industry.

3. Development status and trend

In 2007–2016, China has made significant progress in scientifics research and industrialization of lubricating material, and some of the research fields have reached the international advanced level. In terms of basic research, China published a total of 6559 research papers in this field, ranking first in the field which is mainly due to the rapid economic development in China. A significant investment by government and enterprise in this field leads to a rapid development of science and technology. In 2007–2016, a total of 125 567 patents in the field of lubricating material were applied which showed an increase trend indicating that the technical innovation of lubricants is still active. The trends in the field of lubricating materials are concluded as following: (ⅰ) Research funding from fundamental research and industrial will continue to increase in the field of lubricating materials. (ⅱ) More attention will be paid in the research, development and application of advanced research equipment. (ⅲ) More and more lubricant standards will be released which could effectively guarantee the quality of lubricating materials. (ⅳ) Multi-discipline will become the mainstream in the field of lubricating materials. (ⅴ) More emphasis will be paid on original research.

In 2007–2016, China has made great progress in the field of tribology. Several research fields have reached the international advanced level, such as ionic liquid lubricant, tribochemistry of lubricating material, bionic lubrication, nano-lubricants, surface engineering in tribology, super lubrication. Meanwhile, there are also some problems we need to pay attention to, such as lack of original theory, core materials, interaction between academia and industry as well as standardization of lubricating materials.

In terms of talent development, Liu Weimin and Luo Jianbin were elected as academician of Chinese Academy of Sciences. Nine scholars were financially supported by the National Science Found for Distinguished Young Scholars of China and 10 scientists were awarded excellent young scientist foundation of the National Nature Science Foundation of China (NSFC). It's worth to mention that in 2011 and 2015, Xue Qunji and Wen Shizhu were awarded the Tribology Gold Medal, respectively. What's more, three new state level laboratories were approved and built in the field of tribology, which are believed that the construction of these newly formed research platforms will add fresh energy to lubricating materials.

4. Development ideas and direction

Scientific research, design and engineering application of advanced lubricating materials are important guarantee for the long-term and high reliability operation of modern equipment. The development status and trends of high performance lubricating materials and the requirement of modern equipment were discussed.

Mineral base oil, which is the most largely used base oil, accounts for 95% of the total consumption. The general development trend of mineral oil is gradually transferred from class Ⅰ to class Ⅱ and Ⅲ which has low phosphorus, low sulfur, low ash, high oxidation stability, good detergency and dispersion, low volatility, good viscosity-temperature property and low temperature fluidity. In order to improve the quality of lubricant, domestic mineral oil industry should develop hydrogenation technique to replace traditional process ways. Gas to liquid (GTL) is the newly developed high performance base oil. GTL usually possesses excellent comprehensive properties. Until now China hasn't mastered the core technology of GTL base oil. We should start with the R&D of key catalyst, followed by carrying out large-scale production research as well as the evaluation and application of GTL based high performance lubricants. Poly alpha olefins (PAO) accounts for 30%-40% of the synthetic base fluid used in modern industry. In order to improve the technology of PAO based lubricant, special attention should be paid on the development of high performance catalyst used in polymerization process. In addition, based on the resource status of our country we should focus on the development of PAO based on coal-to-olefin. What's more, PAO based high performance lubricants should be developed according to the requirement of equipment. Due to unique molecular structure and excellent overall performance, synthetic esters have been widely used in aviation, automobile, petrochemical, metallurgy, machinery and other industrial fields. In the future, design and preparation of high thermal stability, R&D of synthetic ester based lubricant to meet the requirement of high-end equipment, as well as synthetic esters with special structure and performance are the main development trend of synthetic esters. As for agriculture based lubricants, innovative molecular design, low cost and large-scale modification technology, the development of vegetable oil based high performance lubricants and additives are the hot spots which we should focus on. What's more, other important synthetic lubricants, such as oil soluble polyalkylene glycol, low toxicity phosphate ester, hydrolysis inhibition additives for phosphate esters, high thermal stable polyphenyl ether, friction-reducing, anti-wear, antioxidant, anti-corrosion additives for special lubricants should be developed to meet special performance requirement of synthetic base oils.

Lubricant additives are the essence of modern lubricants. The comprehensive properties and service characteristics of lubricants are greatly affected by the additive technology. In general, there is a huge gap between China and developed countries in the field of additive technology. Structure design, property evaluation, mechanism study of novel single additive, R&D of multifunctional and environmentally friendly additives, the interaction between different additives as well as the development of high performance engine oil and industrial lubricant additive package will be the focus of China's additive industry. Lubricating greasehas has gained widespread application in various industry fields such as agriculture machinery, industrial machinery transportation, and aerospace, electronic as well as military equipment. Basic research of lubricating grease should focus on the film distribution and thickness and formation mechanism of soap fiber of lubricating grease. For practical research, we should strength the research of high-speed, low noise, long service life, high performance lubricating grease to meet the requirement of high-tech equipment and precision manufacturing industry such as high speed train, robotic, wind-power and drones. With the continuing updating of the manufacturing industry, the demand of metalworking fluid will maintain a rapid growth in the next ten years. The technology level, industrialization and scale will continue to increase. Therefore, it is necessary to carry out the following works such as environmentally friendly/water based nano-lubricant additive, tribological mechanism of water-based lubricants, metalworking fluids for special alloys (aluminum alloy, aluminum-magnesium alloy, titanium alloy) and monocrystalline silicon to meet the needs of China's equipment manufacturing industry.

Ionic liquid is a newly developed high performance lubricant in recent years. In the field of tribology, ionic liquid has drawn widespread attention due to its excellent lubrication performance and structure/property controllability behavior. The researches of ionic liquid in domestic are at international advanced level. In the field of ionic liquid lubricants, we should focus on the design and preparation of radiation-hardened and environmentally friendly ionic liquid as well as the industrialization and engineering application of ionic liquids. Due to their good friction reducing, anti-wear and self-repairing characteristics, nano-lubricant additives have been utilized as friction reducing agent in engine oil and load carrying additive in heavy duty conditions. However, nano-lubricant is still in early stages of development. Relationship between the structure and component of nano-lubricants, large-scale production technique, compatibility between nano-lubricant and traditional additives, as well as preparation and tribological mechanism of self-dispersal nano-lubricant are the main development trend of nano-lubricants. For bionic lubricants, the innovative design of micro structured sealed gas film, *in-situ* preparation of drag reduction gas layer, bionic design and preparation of articular cartilage and the synergistic mechanism between joint lubricant and articular cartilage should be studied.

For polymer based lubricants, the following aspects should be focused on: R&D of new modified polytetrafluoroethylene (PTFE) system; the synthetic technology research and large-scale process development of polyimide (PI) with controllable molecular structure, controllable weight distribution, high temperature and resistance to high space radiation; the friction mechanism researches on polyetheretherketone (PEEK) and its modified composites; the preparation of new rubber composites with good lubricating and mechanical properties; the synthetic technology research and large-scale process development of new fluororubber with high temperature resistance, high lubricating property and high wear resistance; the study on blending modification of rubbers, the preparation technology for highly compatible and highly dispersed solid lubricant; the new rubber crosslinking technology, new solid lubrication enhancement technology and their related researches on basic sciences. To meet the requirements of mechanical systems under special working conditions (high temperature, high speed, heavy load, vacuum, carrier current, corrosion, radiation, etc.), metal matrix lubricating materials in the future tend to be developped into advanced friction-reducing and wear-resistant materials through component design, structural adjustment and process optimization. The research emphasizes on the following aspects: (ⅰ) the novel design method and new fabricated technology for metal matrix lubricating materials with the integration of structure and function; (ⅱ) the relationship between the structural evolution and lubricating behavior of metal matrix lubricating materials under extreme working conditions; (ⅲ) the wear failure mechanism and the prolonging life method of metal-based lubricating materials under multi-factor coupling action; (ⅳ) the fundamental research on metal matrix lubricating materials in service conditions. Ceramic lubricating materials have an extensive application prospects and values in the harsh industrial conditions and high-tech fields. The future research efforts in this field should be focused on the following aspects: the bionic design and controlled preparation technology of ceramic lubricating materials with long service-life under extreme environment, the influence rules of interfacial characteristics on the comprehensive properties of bionic ceramic lubricating materials with excellent toughness, the structural design and preparation of high-performance nanocomposite lubricating materials, the design of self-healing ceramic lubricating materials and the self-healing characteristics, the highly reliable bonding technology between ceramic lubricating materials and metal components, and also the failure analogue simulation and service-life forecast of ceramic lubricating materials and components served in extreme conditions. Solid lubrication coating is widely used in military advanced technology field and civil mechanical industry, which can solve many issues efficiently in the friction, wear, lubrication, protection and dynamic seal fields under harsh environmental conditions such as high temperature, high load, ultra-low temperature, high vacuum, strong irradiation and corrosive medium etc. Combined with the mainly trends of solid lubrication coating and the development of our country aerospace military fields and civilian machinery industry, we propose to carry out the following aspects of research: ultra-long lifetime solid lubrication coating and technology; smart lubrication coating accommodated to the multi-environment and variable conditions; multi-function integrated solid lubrication coating; resistant space irradiation lubrication and protection coating; new ceramic-based high temperature self-lubrication and wear resistance coating; lubrication and wear-resistance coating used in ultra-low temperature environment; strengthening the researches on the failure mechanism of solid lubrication coating in the environment of space, sea, high and low temperature etc.

There still exists a big gap in terms of technology level and standard specification for automotive lubricants between China and developed countries. We need to encourage the cooperation between automotive original equipment manufacturer (OEM) and lubricant industries to promote lubricant design, synchronous development and establishment of bench test method as well as our own standard. What's more, the innovation and development of high performance lubricating oils should be enhanced to improve the competitiveness of our automotive lubricants. Theoretical study and development of thermal stable, water resistant, long-life calcium sulfonate complex grease and polyurea grease, ultrahigh viscosity open gear lubricants, oil film bearing lubricants, ashless hydraulic fluid and ester based fire resistance hydraulic oil are the key approaches to improve the technique level of lubricants used in metallurgical industry. Lubricants used in some key moving parts such as bearing, gear, compressors of railway transportation are still mainly relying on importation in China which limits the healthy development of China's railway industry. In order to improve the technical level of lubricants and support the development of China's railway industry, some crucial lubricating materials such as wheel bearing grease, electrical erosion resistance grease, gear oils should be developed. As for lubricants used in electric power system equipment, special attention should be paid in the following areas: the research and development of long-life, high reliable lubricants used in wind turbine industry; environmentally friendly lubricants and novel self-lubricating polymer lubricants for hydroelectric generator; high performance antioxidant, anti-corrosion, anti-foam and long-life turbine oils for steam turbine and low toxic, environmentally friendly high flash point transformer oil. Lubricants used for industrial robot is one of the hot spots in the field of lubricating materials. We should pay attention to tribological problems of industrial robot and development of key lubricant additives and high performance lubricants for robot. In addition, technical standards and specifications of industrial robot lubricant should be introduced as soon as possible.

Research and scientific study of high thermal stability engine oils, high temperature antioxidant, anti-wear and anti-corrosion additives, wide temperature range universal grease as well as long service life self-lubricating joint bearing will be the important research areas for aviation lubricants. Preparation, mechanism study and application of long-life highly reliable lubricating materials, electric contact lubricating materials, lubricating materials worked under high speed heavy load and strong oxidation (reduction) media should be carried out in the field of space technology. As for marine equipment, we should investigate the tribological mechanism of lubricating materials under complex marine conditions and develop novel composite material. In addition, the reliability, service life and monitoring technique of marine lubricating materials should also be studied to ensure the safety and long-term operation of marine equipment.

5. Funding mechanism and policy recommendations

Overall, in 2007–2016, the research and application of lubricating materials in our country have made remarkable progress, and the state has also paid attention and support to this field. In order to achieve a healthy development of lubricating materials in China, we make the following suggestions: (ⅰ) Strengthen basic research and pay special attention to original research. (ⅱ) Encourage interdisciplinary research and interdisciplinary cooperation. (ⅲ) Strengthen international cooperation and exchange in the field of lubricating material. (ⅳ) Strengthen cooperation and interaction between academia and industry field. (Ⅴ) Government and enterprises should increase investment and emphasis on the core technology of lubricants development. (ⅵ) Strengthen the talented team development. (ⅶ) Pay attention to the construction of research platform.

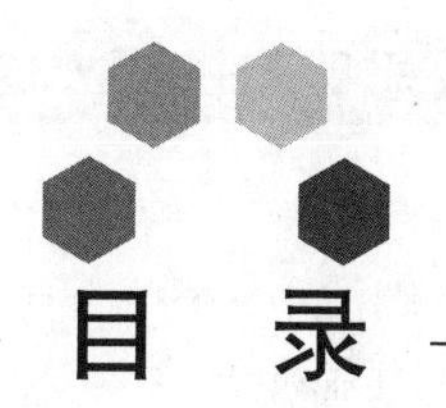

目　录

第一章 润滑材料的科学技术意义与战略价值

摩擦是普遍存在的基本物理现象之一，只要有相对运动的表面，就会产生摩擦并可能造成磨损。摩擦是机械耗能的主要方式之一，也是机械失效的主要原因之一。中国工程院 2007 年完成的《摩擦学科学及工程应用现状与发展战略研究》咨询报告中指出，我国工业领域应用摩擦学知识可节约的潜力约为国内生产总值（gross domestic product，GDP）的 1.55%。合理使用润滑材料技术是减少或者降低摩擦磨损的最有效手段。

实现对摩擦的调控及可靠的润滑对节约能源十分关键。润滑材料是所有运动动力系统高效可靠运行的最重要保障，广泛应用于高端装备、新能源、交通运输等行业领域。高端合成润滑油脂、高性能固体润滑材料一直是发达国家的敏感技术，研究成果广泛应用在航空、船舶、核工业等领域。加强摩擦学的研究和发展，将为装备制造、航空航天、船舶、矿山冶金、生命与健康等相关产业以及能源清洁生产和高效使用、减少温室气体排放等领域提供可靠的润滑解决方案，有效促进经济和社会发展。本章将概述润滑材料学科的发展历程及其研究意义和战略价值。

第一节　润滑材料的发展过程及其学科地位

润滑材料学科的发展与机械工程、物理学、化学、生物学、能源科学、信息技术等学科紧密关联。润滑材料的种类众多，从形态上可以分为固体润滑材料、液体润滑材料和气体润滑材料，从材料种类上可以分为金属基润滑材料、无机非金属基润滑材料和聚合物基润滑材料等。作为一类重要的功能材料，润滑材料成功应用于生活中的各个方面，其发展也关乎一个国家的国防安全。先进的润滑材料技术是航空、航天、航海、装备制造等领域发展的重要保障。

润滑属于摩擦学的重要内容。摩擦学是研究表面摩擦行为的学科，即研究相对运动或有相对运动趋势的相互作用表面间的摩擦、润滑和磨损及三者相互关系的基础理论和技术。润滑是减小摩擦、降低磨损的重要手段，虽然需要增加摩擦的需求广泛存在，但对于大多数运动部件，都希望降低摩擦和磨损，因此润滑在整个摩擦学中占有重要的地位。润滑科学伴随着对摩擦的认识以及减小摩擦的实践发展起来，经历了漫长的过程，表 1-1 列出了人类对摩擦认识的重要事件。

表 1-1　人类对摩擦认识的重要事件

时间	重要事件
公元前 50 万～前 5 万年	最原始的产生热 / 火的方法之一是摩擦。可以通过快速磨碎固体可燃材料（如木材）或者利用硬表面的摩擦来产生火。原始人首先理解摩擦的概念，并利用它来产生日常活动所需要的火。近年来，中国科学院兰州化学物理研究所等对摩擦生火进行了量化研究
公元前 8000 年	车轮发明可能发生在约公元前 8000 年的亚洲。车轮帮助车辆通过传递和减少摩擦而移动。考古发掘的最古老的车轮来自美索不达米亚，可追溯到公元前 3500 年左右。这个时期称为青铜时代
公元前 1880 年	古埃及人将巨型雕像运输到 Tehuti-Hetep 墓中的图片表明润滑已经被古埃及人使用。图片描绘了奴隶沿着沙子或地面拖动一个大雕像。一个人站在支撑雕像的板上，倒出液体（油 / 水）作为润滑剂，以减小雕像和地面 / 沙子之间的摩擦
公元前 1400 年	古埃及战车从约公元前 1400 年的标本中被发现，表明古埃及人已使用动物脂肪（牛油）润滑战车轴
1452～1519 年	达·芬奇（da Vinci）是最先学习摩擦系统的学者之一。他专注于各种摩擦，并区分滑动和滚动摩擦。在 1493～1500 年，他对摩擦定律很有信心，但是他选择的摩擦系数的值（1/2、1/3、1/4 和 1/8）相差很大
1643～1727 年	从 1687 年起，艾萨克·牛顿（Isaac Newton）在《自然哲学的数学原理》中进行了开拓性的工作，奠定了“黏度”的基础，并提出牛顿和非牛顿流体的概念。流体润滑的状态与流体黏度有非常大的关系
1683～1744 年	约翰·西奥菲勒斯·德萨古利埃（John Theophilus Desaguliers）成为第一个提出摩擦的黏附概念的人。他指出，摩擦本质上是由克服黏合力或破坏黏合力所需的力引起的

续表

时间	重要事件
1699 年	法国物理学家纪尧姆·阿蒙东（Guillaume Amontons）在研究了两个平面之间的干滑动后重新发现了摩擦规则。他假设了三条只适用于干摩擦的定律：摩擦力正比于载荷（Amontons 第一定律）、摩擦力与表观面积无关（Amontons 第二定律）、动摩擦与滑动速度无关（库仑定律）
1707～1806 年	查利·奥古斯丁·库仑（Charles-Augustin de Coulomb）提出，滚动轮或滚筒的摩擦阻力与负载成正比，并且与轮的半径成反比。库仑对滚动摩擦的描述完全忽略了材料的依从性（图 1-1） 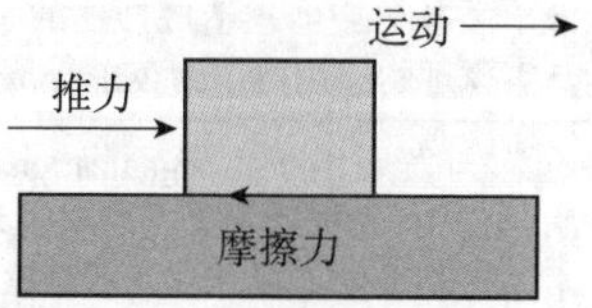 图 1-1　简单的摩擦模型
18 世纪 40 年代	约翰·哈里森（John Harrison）是一个自学成才的英国木匠和钟表匠，他发明了笼式滚子轴承，用其作为他的计时表工作的一部分
19 世纪	第一次工业革命的兴起对润滑油提出更高要求，同时石油开采设备的发明和石油炼制技术的进步促进了矿物基润滑油的使用
1883 年	托尔（Tower）对火车轮轴的滑动轴承进行试验，首次发现轴承中的油膜存在流体压力
1886 年	雷诺（Reynolds）针对托尔发现的现象应用流体力学推导出雷诺方程，解释了流体动压形成机理，从而奠定了流体润滑理论研究的基础
1902 年	理查德·斯特里贝克（Richard Stribeck）是德国科学家和工程师，他提出了斯特里贝克曲线，指出摩擦系数与黏度、速度和载荷相关（图 1-2） 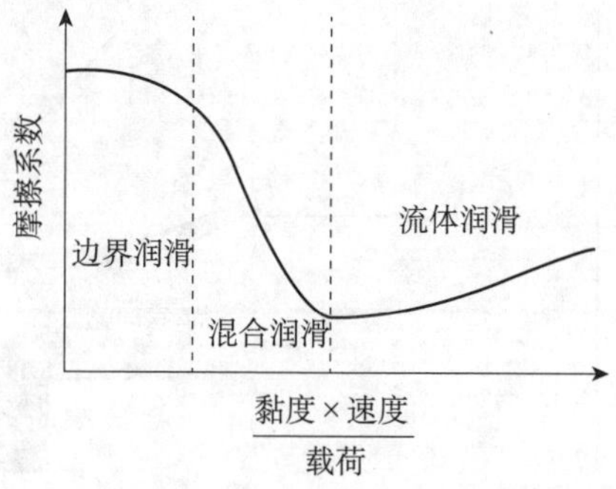 图 1-2　斯特里贝克曲线
20 世纪	第二次世界大战之后，先进运输工具苛刻的运行工况对润滑油提出更高要求，促进了合成润滑油脂的发明

续表

时间	重要事件
20世纪50年代	人们成功地将雷诺流体润滑理论和赫兹弹流接触理论相耦合用于点、线接触的润滑设计，即弹性流体动力润滑理论（简称弹流润滑理论）。弹流润滑理论的核心是在雷诺方程中考虑润滑油的黏压效应和表面弹性变形
20世纪50年代	菲利普·鲍登（Phillip Bowden）和大卫·塔博尔（David Tabor）给出了摩擦规律的物理解释。他们确定真实接触面积在表观接触面积中只占很小比例，真实的接触区域由凹凸形成
1966年	英国乔斯特（H. Peter Jost）在JOST报告中首次提到了“摩擦学”一词，这是受英国政府委托研究磨损造成损伤的一项研究。由乔斯特领导的委员会估计，摩擦学基本原理的应用可以为英国经济每年节省5.15亿英镑
1967年	经济合作与发展组织（Organization for Economic Co-operation and Development, OECD）正式将摩擦学定义为相对运动及相关主题和实践中相互作用表面的科学与技术，它是一个工程领域处理摩擦、磨损和润滑的问题
1976年	联邦德国发表的报告显示，摩擦磨损造成的经济损失每年约为10亿马克，凸显了润滑的重要性
1980年	开发了由各种植物油（如菜籽油、向日葵油、大豆油）制成的生物基润滑剂
1986年	原子力显微镜的发明使科学家可以从原子尺度研究和了解摩擦 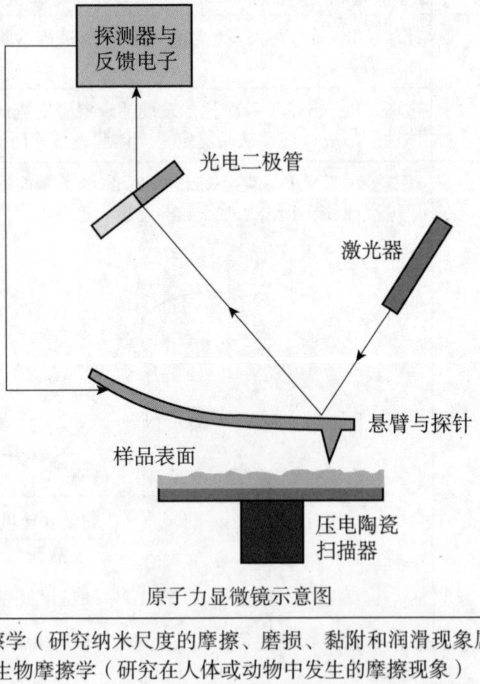 探测器与反馈电子 光电二极管 激光器 悬臂与探针 样品表面 压电陶瓷扫描器 原子力显微镜示意图
1990年	发展纳米摩擦学（研究纳米尺度的摩擦、磨损、黏附和润滑现象属于摩擦学的分支），开创生物摩擦学（研究在人体或动物中发生的摩擦现象）
20世纪90年代初	提出超滑概念，相继利用碳薄膜、软物质材料等实现超低摩擦

由摩擦学发展的重要节点可以看出，润滑学科是随着对摩擦现象的逐渐认识、由常识到量化描述逐渐发展起来的。理想接触情况下，流体润滑的油膜厚度计算已能很好地符合实际情况，但摩擦学的复杂之处在于无法获知流体润滑和边界润滑条件下的真实接触，在这方面还面临很多挑战，需要更好的模型进行描述。润滑材料的发展与对摩擦的认识及为满足当时社会的需求相适应，大致经历了以下三个阶段。

（1）从认识润滑现象到开始使用动物油脂和植物油（牛油、羊油、菜籽油等）作为润滑剂以来，润滑材料逐渐进入人类的生活。第一次工业革命以后，以石油为原材料的矿物油逐渐取代动植物油脂，成为普遍的“工业血液”。这期间，大量不同牌号的矿物油与润滑脂涌入市场，为人类的工业文明做出了巨大贡献。当矿物油难以满足高低温、高承载、抗氧化等应用需求时，人们发展了一系列具备极压抗磨、抗氧化、抗腐蚀等特殊性能的添加剂，从而有效改善了传统矿物油的润滑特性。

（2）第二次世界大战期间，战争的需求带动了航空、原子能、重炮、坦克等领域的发展与进步，从而对润滑材料提出了新的要求。这一阶段最大的成果就是一系列合成润滑油及高性能添加剂的创制，如合成酯类油、聚α-烯烃、合成磷酸酯、全氟聚醚等。与此同时，为满足航天工业及核技术的发展，固体润滑材料应运而生。

（3）20世纪末期，不同种类的润滑材料（如纳米润滑材料、离子液体润滑材料、水基润滑材料、高分子润滑材料、金属基润滑材料、超分子凝胶润滑剂等）相继被人们关注并逐步获得应用。与此同时，润滑材料的选择更关注环境安全，天然的润滑剂成为研究的热点，市场上出现很多绿色润滑剂产品。

我国在公元前2000年左右的夏朝已经发明了带有轮轴的战车，可以明显降低滑动摩擦。刘安编著的《淮南子·原道训》中记载了水的润滑特性：“夫水所以能成其至德于天下者，以其淖溺润滑也。”但是我国的摩擦润滑没有形成科学体系。中华人民共和国成立后，一批留学回国的科学家推动了中国摩擦学事业的发展，创立了润滑学科。在过去几十年间，我国研究发展了比较齐全的润滑材料体系，从更深层面上理解了材料的构效关系，总结了一系列材料使役过程中的结构演化与性能演变的规律，使润滑学科得到了快速发展，表现在以下四个方面。

（1）我国润滑材料研究的阵营逐渐扩大，国际影响力与日俱增。以中国科学院兰州化学物理研究所固体润滑国家重点实验室、清华大学摩擦学国家重点实验室等为代表的研究机构在国际摩擦学领域占有举足轻重的地位。先后有一批学术带头人在国际上产生了重要影响，涌现出了一大批具有创新能力的研究队伍，培养了一批具有创新能力的中青年骨干人才，形成了一支稳定而富有竞争力的研究队伍。

（2）润滑材料研究门类齐全，润滑材料基础研究水平显著提高。据统计，我国目前在摩擦学领域发表的《科学引文索引》（*Science Citation Index*，SCI）论文和申报的专利数量稳居世界第一，诸多润滑材料科技工作者在国际国内重要的摩擦学刊物任主编或者编委会成员。

（3）润滑材料学科在我国材料学科群体中扮演了重要的角色。某些关键润滑材料和润滑技术的研究取得突破性进展，为我国诸多重大战略工程提供了坚实的润滑保障，包括载人航天和探月、高速铁路、核电、大型风电机组等。润滑材料学科与机械工程、材料、化学、物理、计算机等学科高度交叉融合，相辅相成；同时作为机械工程学科的一个重要分支，它对推动我国机械工程的发展具有重要意义。

（4）国家资助平台完备。国家自然科学基金委员会、科技部、各省区科技厅等多个部门都对润滑材料学科的发展给予了相应的资助；企业需求旺盛，从事润滑材料生产与应用的企业众多，极大地促进了我国润滑学科的发展。

第二节　润滑材料对推动其他领域及学科发展所起的作用

我国正在从“制造大国”向“制造强国”及“智能制造”的目标迈进，主要表现为大力发展高端制造、航空航天、交通运输、能源、海洋、生物与仿生等领域，对高端润滑材料的迫切需求更加突出。2014年，工业和信息化部向中国工程院发出“关于委托开展工业强基战略研究的函”，指出基础能力不强是制约工业由大变强的主要瓶颈。其中，高端润滑材料也面临苛刻环境适应性、性能安定性、产品精细化等瓶颈问题，导致在相关领域应用的关键润滑零部件发展跟不上装备的发展需求，最直观的表现是我国高性能轴承、齿轮、密封件、螺丝等基础零部件还要依赖发达国家，这严重制约了我国高端装备的升级换代与性能提升，其中既有制造的问题又有润滑的问题。以下从七个代表性的应用领域简要分析润滑材料学科发展及其对推动相关领域或学科进步所发挥的作用。

一、对航空工业领域的推动作用

航空工业的发展使航空飞行器及其动力传动系统面临更高速度、更高温度、更高负荷等技术挑战，同时要求相关的材料技术更加节能环保和更加安全可靠。高性能润滑油脂（耐高温、抗氧化、高安定性）和长寿命固体润滑材料（聚合物复合润滑材料、纤维织物固体润滑材料、块体耐高温抗磨损材料）的研发将有力地推动我国航空工业的发展。

二、对空间技术领域的推动作用

空间环境（高/低温交变、高真空、强辐射、高承载、高/低速度、特殊介质和气氛）对润滑材料的性能具有特殊的要求。应研制发展具有耐候性和耐辐照性能的高性能润滑油脂、固体润滑薄膜、固体润滑复合材料，从而满足高精度、高可靠性和超长寿命的使用要求，支撑航天事业的发展。

三、对精密机械和电子信息技术领域的推动作用

该领域传动部件具有传输效率高、反应灵敏、运行平稳可靠、无振动和噪声等特点。应研制发展具有超低摩擦系数和长寿命的润滑薄膜材料，从而保障传动部件的高可靠、长寿命运行，推动和促进该行业的发展。

四、对交通运输领域的推动作用

长寿命环境友好润滑油脂、高性能固体润滑材料技术可广泛应用于交通运输领域的动力传动系统，我国目前相关材料的性能与可靠性都有待进一步提高，以推动该行业的技术进步。

五、对民用工业领域的推动作用

模具（高精密光盘模具、注塑模具、冲模等）、工具（钻头、有色金属加工工具、铣刀、刀片等）用加工润滑液产品的润滑抗磨损性能十分关键，相关研究亟待加强；矿山冶金设备用高承载、耐高温润滑油和润滑脂的国产化替代应该得到重视。上述领域润滑材料的研发将为我国加工制造业做出应有的贡献。

六、对海洋环境领域的推动作用

我国提出的海洋强国战略显现出国家对发展海洋产业的决心。海洋资源开发和海洋经济发展的各项活动都离不开相关装备的支持，海洋运输船舶、潜艇/潜器、水下机器人、海底采矿装备、海底油气开发设备等相关设施都是为海洋开发服务的关键装备。海洋开发装备在苛刻的海洋环境下的服役性能（如腐蚀摩擦交互、防腐耐磨密封、海洋防污减阻）研究应予以强化，并应重视相关润滑材料技术的研发与应用，以支撑海洋强国战略的实施。

七、对生物医药领域的推动作用

生命健康领域与摩擦磨损密切相关。我国应重视天然生物系统内部器官和外部表皮组织的生物摩擦学性能研究，从仿生的角度认识生物替代润滑材料的摩擦磨损机理和失效机制，如人体置换关节的摩擦磨损及其与生物组织的相互作用、血液在人工心脏瓣膜上的黏附、牙齿的磨损、皮肤的摩擦等，研制适用人体需求的生物相容润滑材料，推动相关生物医药器械的发展。

高端润滑材料广泛用于航空航天、高速铁路、精密机床、风力发电、核工业等重要工业领域。同时，为了保障我国智能制造、先进制造及重大装备设施的快速发展，必须将润滑材料学科摆在更加重要的战略高度予以考量，用先进材料技术"润滑"中国新时代经济的发展。

第三节　润滑材料在国家总体发展布局中的地位

润滑材料学科在国家总体发展布局中的重要地位主要体现在润滑材料对工业发展的推动作用。同时，润滑材料作为发展相关领域的关键性材料，其性能将明显影响相关装备的发展及使用寿命。可以认为，润滑材料的发展水平直接关系到我国工业制造与智能制造的水平，其在国家总体发展布局中占有非常重要的地位。现代润滑材料学科的发展涉及润滑材料本身的设计、制备与加工，润滑材料使役及润滑机理研究等方面。考虑到应用工况的诸多差异，润滑材料日益向精细化、个性化定制方向发展。

我国润滑材料学科的发展一直面向应用，从实际需求出发，积极解决工程机械领域中所面临的润滑问题，取得了一系列重要成果。面向未来的学科发展态势及国家高技术工业发展对润滑材料技术的需求，应该重点发展以下七个方面的润滑材料技术。

一、新型加工制造业用润滑材料

传统的加工制造业，尤其是金属加工行业，普遍采用的方式是磨削液（切削液）喷溅法以降低加工区温度，大量使用的金属切削液必然带来环境的严重污染，同时增加了制造与回收成本。

基于此，加工制造业正逐步向绿色磨削技术以及智能磨削技术转变。绿色磨削技术是一种基于绿色制造理念，从生态学与经济学角度充分考虑环境和资源两大问题的现代制造模式，其对大生态环境和小加工现场都无毒副作用或毒副作用很小。在此前提下，发展绿色的金属切削液就显得尤为重要，国外在这方面的研究起步早，相关技术较成熟，我国应该吸取国外的经验，加大这方面的研发力度，发展系列的绿色环保型切削液。

在钢铁、冶金、轧机行业方面，需要使用具有高承载能力、耐高温、抗氧化的合成润滑油脂。我国在该方面缺乏足够的研究基础，而国外的产品价格很高，一些关键的添加剂的工艺配方对我国处于技术封锁状态。为此，润滑材料学科应该与有机学科、高分子材料学科共同努力，通过合理的分子结构设计获得具有高性能的润滑油脂材料。

二、汽车工业用润滑材料

在汽车工业方面，高端的润滑材料和技术及关键零部件生产的核心技术均掌握在国外独资或合资公司手中，如辉门（Federal-Mogul）公司和马勒集团（MAHLE Group）公司都在其生产的运动部件中广泛采用表面固体润滑膜技术，以降低摩擦磨损，延长运行寿命，提高可靠性。我国在该方面起步较晚，尽管在汽车发动机用超薄碳膜和其他一些硬质涂层材料研究方面取得了一些进展，但在实际推广应用中依然存在诸多问题，相关材料技术还有待于深入研究。

三、轨道交通行业用润滑材料

在高速铁路行业方面，目前轴承、齿轮等传动系统主要使用德国舍弗勒集团（Schaeffler Group）公司、瑞典斯凯孚（SKF）公司、美国铁姆肯（Timken）公司和日本恩梯恩（NTN）公司等国外知名公司产品，相关的润滑油、润滑脂也一直使用国外跨国公司产品，如埃克森美孚（Exxon Mobil）

公司、荷兰皇家壳牌集团（Royal Dutch Shell Group）公司、克鲁勃润滑剂（Klueber Lubrication）公司等公司的相关润滑油脂。为此，我国应加快研制发展轨道交通行业用润滑材料，满足交通行业不断增长的应用需求。

四、航空领域用润滑材料

在航空领域，提高增压比、涡轮前燃气温度和发动机转速仍然是提高航空发动机推重比的最直接技术方法。因此，一方面需要加大涡轮发动机所需的润滑材料研发力度；另一方面需要加大对航空发动机专用润滑油脂的关键技术研发。舰载航空装备处于重大发展转折期，应重视对防腐型、高热安定性的航空合成润滑油和固体润滑薄膜的研制与工程应用研究。

五、新能源行业用润滑材料

目前，风力发电在我国新能源领域占有重要地位。风电机组中的叶片轴承、主轴承、发电机轴承、偏航轴承等根据工作状况的差异需要使用不同特性的润滑脂，而其齿轮系统则需要应用高性能齿轮润滑油。目前这些润滑材料大多由埃克森美孚公司、荷兰皇家壳牌集团公司、克鲁勃润滑剂公司等国际大公司垄断生产供应。

核电在我国未来能源结构中将占据相当大的比例。核电装置众多活动部件会面临高温、辐射、腐蚀性介质等问题。我国在该方面的研究积累严重不足，对相关材料技术的研究亟待加强。

六、海洋环境用润滑材料

海洋环境中的摩擦磨损问题相对复杂，我国应强化海洋环境下相关运动动力系统的润滑耐磨和密封材料技术研究。此外，减阻与防污问题已经成为阻碍航行器效率提高的瓶颈问题，应重视对环境友好型特种减阻和防污润滑材料技术的研发与应用研究。

七、装备制造行业用润滑材料

制造业是国民经济的主要支柱。我国是世界制造大国，但还不是制造强国，制造技术基础薄弱，创新能力不强，产品以低端为主，制造过程的资源、能源消耗大，污染严重。为此，我国应加强对装备制造业用润滑油脂及形式多样的固体润滑材料的研发，并倡导绿色制造及环境友好，提升产品的档次和性能。

第四节　润滑材料对实施《国家中长期科学和技术发展规划纲要（2006—2020年）》及对国家安全的战略价值

《国家中长期科学和技术发展规划纲要（2006—2020年）》列出的16个重大专项中，大型飞机、载人航天与探月工程等与高性能润滑材料密切相关，润滑材料技术已经成为上述重大专项成功实施及长寿命可靠运行的最重要保障之一。

相比于传统润滑材料，通过特殊的制备工艺技术设计制备的高性能润滑材料通常具有优良的润滑抗磨损、耐高/低温、抗氧化、耐特殊环境介质等性能。随着现代高端装备的运行工况越来越苛刻、条件越来越复杂，以及不断提升的高精度、高可靠性和长寿命方面的要求，对突破原有材料性能极限的高性能润滑材料技术的需求也越来越迫切。发展与掌握高性能润滑材料核心技术已经成为我国实现制造强国战略的重要支撑。众所周知，高端润滑油脂（主要指高性能合成润滑材料）是重大装备制造业及国家安全领域的关键支撑材料，我国的润滑油脂虽然在产量上与发达国家持平，但是高附加值、高性能产品还明显不足，其现状是众多高端装备仍然依赖于国外的高附加值润滑产品。国外大型润滑油公司产品取得飞速发展的一个重要原因是不断增加对相关技术和产品开发的投入，通过创新润滑材料而不断提高润滑的效能及可靠性。

随着国民经济的快速发展、人民生活水平的提高，以及人口老龄化问题的逐渐凸显，医用生物高分子材料的需求在逐年增加。这些材料多涉及润滑、磨损等问题。发展生物润滑材料技术将为改善和提高人类生活质量发挥重要作用。

国防武器装备的发展与材料学科的发展关系紧密，高精尖武器装备对新材料的研发提出了更高的要求，同时给润滑材料的发展创造了更多的机遇和挑战。例如，舰船、鱼雷、导弹、战斗机等武器的减阻问题与润滑材料技术密切相关，发展高性能润滑材料涂覆技术能够有效降低其运行阻力。

毋庸置疑，润滑材料已经成为人们日常生活中的基本元素，而且在国家经济建设中发挥了重要作用。发展与掌握高性能润滑材料的核心技术是我国实现制造强国战略的重要支撑，是进一步提高国防安全的战略需求。

我国要在科技创新方针指引下，进一步加强对高性能润滑材料的研发工作，掌握高性能润滑材料的核心技术，尽快摆脱我国在关键润滑材料技术上受制于发达国家的局面，走出一条适合我国润滑材料的创新之路，支撑我国装备制造业及航空、航天、航海等军事工业的发展。

本书对润滑学科与润滑材料整体的认识如下：一是从原子、分子层次上认识摩擦的本质及润滑的作用机制，通过物理学、化学等技术手段实现对摩擦的有效调控，提出降低摩擦和磨损的更有效方法。二是深刻认识苛刻环境条件下润滑抗磨材料的组分、结构与性能在使役过程中的演变规律，发展极端环境工况下润滑抗磨的新原理及摩擦磨损控制方法，以满足高技术装备的性能和长寿命高可靠运行的需求。三是利用层状材料（如碳薄膜、石墨烯）及软物质材料（如生物大分子、水凝胶等）探索获得超低摩擦的原理和方法，发展适合工程化的材料技术。该领域的突破极有可能明显减少设备磨损和提高能源利用效率。四是发展绿色润滑材料，发展节能明显、环境友好的生物基润滑油脂及其添加剂、离子液体等润滑材料技术，形成独立自主的润滑材料分析检测技术。五是重视对润滑及摩擦学知识的传播及相关研究技术人才的培养。六是加大研发投入，重视对核心润滑抗磨技术及高端产品的开发，尽快实现高端润滑油脂及先进固体润滑材料的规模化生产应用。

第二章
润滑材料的定义与内涵及发展规律与研究特点

第一节　润滑材料的定义与内涵

润滑材料是指能够起到减小摩擦、降低磨损作用并具有特定物理化学性能的物质。这种物质加入相互作用的对偶表面之间，能够起到承载负荷、降低对偶表面之间的摩擦系数、减少对偶表面材料磨损的作用，属于材料科学与工程（一级学科）范畴。

国家标准《摩擦学术语》（GB/T 17754—2012）将其定义为：润滑材料（lubricating materials）专指用于润滑或制备润滑剂的各类材料，包括油、脂、粉末、膜层、水、乳化剂、填加料等物质。根据润滑材料存在的状态可以分为固体、半固体、液体和气体四大类。液体润滑材料是用量最大、品种最多的一类润滑材料，包括矿物油、植物油、合成油、合成液、乳化液、动植物油和水基液体、水等。液体润滑材料易于形成流体动力膜，并有较好的散热和冲洗作用。固体润滑材料主要包括金属基润滑材料、无机非金属基润滑材料、聚合物基润滑材料等。对于固体润滑材料的研究，主要集中于摩擦过程中材料表面、界面物理化学特性对摩擦的影响，材料磨损去除机制，以及材料组分结构与摩擦磨损性能的相关性规律等。半固体润滑材料主要是一些脂类和膏类润滑剂，一般为半流态、半固态或准固态的胶体。其中，脂类润滑剂具有不易流失、密封性好等特点，主要用于轴承的润滑。气体润滑材料有空气、氦、氮、氢等，其清净度要求很高，主要应用于高速、轻载、小间隙和精准公差的工况条件下的润滑，如气体轴承等。

从工程应用的角度来讲，润滑材料属于摩擦学的研究范畴。摩擦学为机械工程学科（一级学科）下的二级学科，是一门交叉学科，涉及机械工程、力学、物理学、数学、材料科学、化学等学科。当机械装备运动部件运转时，其相对运动部件的表面不可避免地会发生摩擦和磨损，润滑材料制备科学与应用技术是控制摩擦、减少磨损的有效技术。

摩擦磨损现象无处不在，因而旨在减小摩擦、降低磨损的润滑材料的内涵非常丰富，包含大多数材料种类，涉及从微观到介观直至宏观等不同层次和不同跨度的丰富组分结构与性能，在航空、航天、航海、交通、水利、电力、建筑等现代工业领域得到广泛应用，覆盖了从基础科学到工程技术的众多内容。因此，润滑材料既是以探索材料科学自身本质及规律为目标的基础学科领域，又是以减小摩擦、降低磨损为目标的工程技术领域，是一个多学科交叉的前沿性综合研究领域。

第二节　润滑材料的发展规律与研究特点

润滑材料的发展历程与人类社会文明发展及科学技术进步息息相关。人类使用的润滑材料至少可以追溯到旧石器时期加工石器过程中使用的润滑剂（极可能为水）。纵观人类社会的发展进程，从古埃及金字塔建造中使用水或油作为润滑材料，到我国古代车辆轴承、水车轴承使用动植物油作为润滑材料，再到工业革命后期蒸汽机及内燃机车使用矿物油作为润滑材料，以及现代航空工业使用合成酯类润滑材料、空间装备使用固体润滑材料等，社会的发展及科技的进步不断对润滑材料技术提出新的需求，同时为润滑材料的发展提供了契机。在几千年的发展历程中，润滑材料科学与技术形成了独特的发展规律和研究特点，现概述如下。

一、润滑材料的发展体现多学科交叉的特点

润滑材料的设计、制备与工程应用涉及数学、力学、物理学、化学、冶金学、机械工程、材料科学、化学工程、环境科学等多个学科领域，是一门典型的综合交叉学科，因此润滑材料学科的发展和进步与其他交叉学科息息相关。

从润滑材料的设计理论来看，润滑材料的分子组分与功能设计理论的发

展得益于多学科融合发展。作为功能材料，润滑材料首先需要满足特定工况的润滑需求，机械工程特别是摩擦学理论的发展为润滑材料的功能性设计奠定了理论基础。1866年雷诺方程以及1902年斯特里贝克曲线的提出为流体润滑理论及润滑状态（流体润滑、混合润滑、边界润滑）奠定了基础，也为现代润滑材料的功能设计提供了理论依据。运用上述理论，通过对润滑状态的计算分析，将复杂的工况条件转换为材料性能参数，从而指导对润滑材料结构组分的选择及功能设计以满足特定的润滑需求。另外，化学特别是量子化学、计算化学、化学动力学的发展丰富了润滑材料的分子设计及性能模拟理论，使润滑材料的分子设计从之前的经验式发展到分子模拟与性能优化，从而提高了润滑材料分子设计的水平与效率。此外，数学、力学、物理学及冶金学也会对润滑材料分子设计理论的发展起到一定的推动作用。

从润滑材料的合成制备方面来看，润滑油脂材料的制备依赖于化学、化学工程及仪器科学的发展，其合成、制备原理与工艺主要源自化学、化学工程等基础学科，其性能表征、评价原理和方法主要源于力学、物理学、仪器科学等。润滑油脂的制备方法与有机化学及高分子化学密切相关，如合成润滑材料（聚α-烯烃、烷基萘、聚醚、合成酯、全氟聚醚等）的制备技术主要基于烷基化、酯化、聚合等科学理论与技术。矿物基础油的生产工艺则主要依赖化学工程特别是石油化工的发展。例如，精制加工工艺及加氢装置的设计是生产具有更高黏度指数、更高氧化安定性及更低挥发性的API Ⅱ类、Ⅲ类基础油的关键技术。固体润滑材料的制备也融合了固体物理、有机与无机化学、物理学、力学等学科的发展。例如，高分子材料的发展推动了聚合物基润滑材料（如聚四氟乙烯、聚酰亚胺、聚酰胺）等固体润滑材料的发展；树脂作为黏结剂的出现促进了黏结型固体润滑膜的发展；真空技术与等离子体科学的发展则推动了固体薄膜润滑材料（如TiN、类金刚石薄膜等）的发展。

从润滑材料的表征技术来看，物理学、力学、化学、机械工程的发展奠定了现代仪器科学装备的理论基础，也促进了新的试验原理、试验方法及科研装备的出现，进而在一定程度上推动了润滑材料学科的进步。润滑材料的结构分析主要基于红外光谱、紫外光谱、拉曼光谱、核磁共振、质谱、气相色谱、凝胶色谱、元素分析等技术与设备的发展；性能评价及机理研究则主要依赖热分析技术、基本理化性能表征技术、摩擦学评价技术、以电镜为代表的表面表征技术及X射线光谱等技术的进步。仪器科学与技术的进步使得人们能够在确定润滑材料结构的同时获知材料的性能，对于构性关系规律研究及润滑材料学科大数据库的建立起到直接的推动作用。

从润滑材料的工程应用来看，润滑材料与机械工程、环境科学、管理科学等学科又有一定的交叉。机械装备运动部件的结构设计、润滑装置的设计、润滑方式及润滑材料的选择决定了机械设备的工作效率与可靠性。此外，环境科学也是影响润滑材料发展与应用的重要因素。环境科学研究表明，1 L 矿物基润滑剂可对 10^6 L 水造成污染，海水中 0.1 μg/g 的矿物油就能够缩短海水中小虾 20% 的寿命，矿物油对地下水的污染可长达 100 年。这些数据引起了人们对环境友好润滑材料的重视。发达国家相继出台了多个法规。例如，德国“蓝色天使”环保标志对一些润滑剂产品提出了可生物降解的要求（基础油组分的生物降解性不小于 70%，添加剂具有可生物降解性和可接受的生态毒性等）；瑞士立法禁止在湖上超过 7.5 kW 舷外二冲程发动机上使用矿物油润滑剂；奥地利环境保护立法部门从 1992 年 5 月 1 日起禁止使用矿物油作为基础油的链锯油，特别是法律禁止使用非快速生物降解和水溶性物质；2013 年 3 月，美国国家环境保护局（Environmental Protection Agency，EPA）在最新修订的《船舶通用许可》（Vessel General Permit，VGP）中规定，2013 年 12 月 19 日以后，在美国水域行驶的商用船舶上可能与海水接触的设备使用的润滑油脂必须为环境友好型产品。上述法规使得植物基环境友好润滑材料重新回到人们视线野，成为润滑材料的重要研究方向。润滑材料在应用过程中种类繁多，特别是大型工业企业不同装备使用上百种润滑材料，因此润滑材料的工程应用很大程度上受油品性能的跟踪监测、补加、更换、储运等环节的影响，进而又从监测技术及管理科学分别衍生出油液监测及润滑管理，成为现代润滑材料工程应用的重要组成部分。

二、润滑材料的发展与工业发展具有相互促进的特点

润滑材料的发展呈现出与工业发展相辅相成、相互促进的特点。一方面，工业（特别是机械工业）的发展对润滑材料提出了新的性能需求，牵引着润滑材料的创新；另一方面，新型或高性能润滑材料的发展应用提高了机械系统的运行效率和可靠性，反过来促进了工业发展。

工业革命之前，工业发展水平相对落后，机械工具相对简单粗糙，一些基础油品（如初级植物油、动物油）便能满足使用要求。虽然当时已有石墨、滑石等固体润滑剂的使用，但都停留在经验阶段，并没有形成理论体系。例如，公元前 2400 年的古埃及壁画便记载了润滑剂的使用，我国周朝（公元前 1046～前 256 年）中期也有关于使用润滑剂的记载。随后的几千年中，动植

物油脂一直是轴承、风车等运动装置的主要润滑材料。19世纪后期石油的发现及汽车工业的出现促进了矿物润滑油的发展。1876年，俄国建立了世界上第一座润滑油生产厂，开创了利用石油重油馏分制取润滑油的历史。到19世纪末，基本形成了世界范围的矿物润滑油工业。矿物润滑油的原料来源广泛、价格较低，很快就取代了动植物油而成为最主要的润滑剂。20世纪30年代特别是第二次世界大战之后，机械、交通运输、冶金、电力、纺织、农林等各行各业迅速发展，对润滑油的品种和质量不断提出更新、更高的要求，如低温泵送性能、低温启动性能、对热和光的安定性能、对不同材料的抗腐蚀性能、清净性能和抗磨性能等，直接促进了润滑添加剂工业的发展。润滑添加剂的使用使润滑油的性能摆脱了基础油特性的影响，大幅度提高了润滑油的性能并延长了润滑油的寿命。添加剂的应用标志着矿物润滑油的发展进入了新的阶段。20世纪50～60年代的加氢精制及催化重整等二次加工工艺的发展，使矿物润滑油的种类、结构和质量又得到了进一步的提升。

军事装备的发展与进步推动了合成润滑材料的发展。由于矿物润滑油的高温氧化安定性和低温流动性较差，无法满足航空和军工等行业的发展要求，20世纪30年代，人们开始了合成润滑剂的研究。合成润滑剂就是用化学合成的方法制得的新型润滑剂。1934年，美国首先合成了聚α-烯烃合成油；1939年德国利用石蜡裂解得到的α-烯烃生产出了聚α-烯烃合成油；第二次世界大战期间，美国、德国竞相研究开发了聚醚类和酯类合成油；1949～1953年，荷兰皇家壳牌集团公司生产出了抗燃烧型磷酸酯类合成液压油，并将其用于飞机、工业设备和海军舰艇等。与矿物润滑油相比，合成润滑油具有优良的黏温特性和低温性能、良好的高温氧化安定性能和润滑性能，能够满足矿物润滑油不能满足的使用要求。随着现代机械装备对长寿命、高可靠服役要求的不断提高，综合性能优异的合成润滑材料的应用越来越普遍。

空间技术及特种装备的发展也是润滑材料的发展动力之一。1957年10月4日，苏联发射第一颗人造卫星，开启了人类探索太空的时代，催生了航天工业，带动了润滑材料的蓬勃发展。航天技术对润滑材料提出了低饱和蒸气压等要求，为此，中国科学院兰州化学物理研究所于20世纪70年代研制了超低饱和蒸气压的114号硅油，在我国卫星的轴承、螺母等方面获得了成功应用，促进了空间技术和空间飞行器的发展。基于空间真空、高/低温交变、原子氧、射线辐射等环境，新型固体润滑材料应运而生。虽然石墨、二硫化钼等固体润滑剂在机械工业的带动下得到应用和发展，如在汽车发动机活塞裙部喷涂或擦涂石墨、二硫化钼作为减摩涂层，但是工艺简单粗糙，不能满足空间技术的要求。利用物理气相沉积技术可以在空间飞行器部件表面制备粗糙度低、平整度光滑、厚度可控的二硫化钼或软金属薄膜，解决了众多空间飞行器的润滑问题。2008 年 9 月 25 日，神舟七号载人飞船发射成功，搭载的中国科学院兰州化学物理研究所研制的 80 件固体润滑材料进行了外太空暴露实验。美国国家航空航天局（National Aeronautics and Space Administration，NASA）开展了佛罗里达大学等研制的空间固体润滑材料的在轨长期摩擦实验。研究表明，二硫化钼、聚四氟乙烯等固体润滑材料具有优异的空间环境摩擦磨损性能，能够满足空间飞行器的润滑需求。这些空间实验极大地提高了固体润滑材料的社会认知度和研究深度。

综上所述可知，润滑材料是为适应工业发展需求而生的。工业整体水平的提升使得润滑材料不断改进和完善，从而推动了其大规模使用；而润滑材料的大规模应用又使得人们建立系统理论和追求更高性能的需求更加迫切，反过来推动了润滑材料的发展。

三、润滑材料的发展得益于科学仪器的发展和制备技术的进步

润滑材料的研究水平和层次随着科学仪器的发展而不断深入和系统。材料研究的主线是结构、性能及构性关系；对结构的微观认识严重依赖于表征手段和仪器的精度，性能评价方法和设备的精度则希望尽量体现真实可靠的数据。只有基于结构和性能的认知，才能够探讨并建立构效关系。要实现期望的特定结构、性能材料的制备，则需要对结构进行精细可控的制备技术。对于液体润滑材料，分子结构的表征是基础性的数据，主要依赖于元素分析、红外光谱、质谱等的发展；而对于固体润滑材料，晶体结构或微细结构的分析则是根本性的参数，主要依靠扫描电子显微镜、透射电子显微镜等仪器设备的发展。由于润滑材料的结构表征和仪器的依赖关系与其他材料相同，在此不再赘述。

电子显微镜及各种材料表面微观分析仪器的商品化和广泛应用，为研究磨损机理提供了强有力的技术手段。例如，金属磨损、聚合物材料摩擦及添加剂存在的边界润滑效应，中心问题是表层与次表层的元素分布变化。因为这一问题的重要性，几乎现代所有的表面分析技术都可发挥其作用，实验研究空前活跃。表层与次表层的晶体结构和体相的差别在摩擦磨损中具有决定意义。磨屑的形成与晶体结构及表层的应变状态关系密切，因而利用单晶及多晶材料进行的基础研究众多。润滑过程中摩擦表面的化学变化反映了摩擦

表面与润滑剂之间的吸附、化学反应及元素转移等现象，这些表面物理与化学现象的研究将对发展新型抗磨、润滑材料起到指导作用。

在过去相当长的一段时期，润滑材料的研究工作基本都集中在润滑材料设计制备和物理化学性能对其摩擦学性能的影响。受限于原子级和亚原子级分析仪器的发展，对于润滑材料摩擦磨损机理的本质无法进行深入探究。摩擦过程中表面发生的摩擦化学反应及其生成物是理解并认知润滑材料作用机制的关键证据。例如，经典润滑油添加剂二烷基二硫代磷酸锌（zinc dialkyl dithiophosphate，ZDDP）具有优异的功能，被称为润滑油万能添加剂，但对其作用机理的深入研究直到 X 射线光电子能谱的发展才得以开展。基于对 S、P、Zn 等元素摩擦前后化学状态变化的分析，可以判断在摩擦过程中发生的摩擦化学反应及生成物。21 世纪以来，对于 ZDDP 摩擦机制的研究得以深入，美国宾夕法尼亚大学 Carpick 等于 2015 年在《科学》发表的研究结果指出，其分解后与金属发生摩擦化学反应生成 FeS 等物质是 ZDDP 具有极压性能的原因，而摩擦反应膜的厚度与载荷、速度具有直接相关性。润滑材料的磨损机制是评价和设计高耐磨润滑材料的指导依据。基于扫描电子显微镜对磨损表面的观察，可以推断其磨损发生的方式，如黏着磨损、磨粒磨损、疲劳磨损、腐蚀磨损；基于透射电子显微镜对润滑材料磨损表面的表征，能够揭示润滑材料在摩擦过程中发生的晶体结构转变等信息，以及磨损发生的结构位点等；而基于透射电子显微镜的原位磨损实验，能够揭示原子层厚度的磨损剥离机制，磨损与接触应力具有指数关系。利用摩擦化学反应，可以主动设计制备润滑材料，如 Erdemir 等通过拉曼光谱、电子能量损失谱表征和分子动力学模拟证明聚 α-烯烃在 MoN_x-Cu 薄膜上的催化脱氢作用形成类似于类金刚石碳膜的摩擦膜，该膜作为原位生成的固体润滑薄膜发挥了减摩和抗磨作用。

润滑材料性能的评价方法及所使用的仪器设备都具有鲜明的特色。例如，导轨油要求测定油的黏-滑特性，以评定导轨油的静-动摩擦系数的差值。导轨油的抗黏-滑性越好，则导轨上的防爬行性能越好。对于齿轮油，蒂姆肯试验主要评定齿轮油的耐负荷性能，四球试验的烧结负荷反映了齿轮油的极限负荷性能。抗氨汽轮机油要求进行抗氨试验，因为汽轮机油中酸性防锈剂会与氨气反应而产生沉淀。

润滑材料的性能与组分及其微观结构密切相关。高性能润滑材料的制备在一定程度上依赖于精准调控原子组分或微观结构。在基础油方面，目前主要集中在对植物油分子改性以提高其氧化安定性。例如，植物油中含有大量的不饱和键，尤其是含 2 个或 3 个双键的亚油酸或亚麻酸组分，导致其氧化安定性较差。提高植物油氧化安定性的化学改性方法主要包括氢化、环氧化、酯化。近年来，随着生物技术的发展，可运用基因改良技术提高植物油中油酸的含量，从而提高其氧化安定性。例如，基因改良高油酸豆油的氧化安定指数为 192 h，远远高于一般豆油的（7 h）。经过化学修饰并加入抗氧剂后，这种豆油的氧化安定指数高达 500 h。因此，植物油的发展也得益于相应制备技术的进步。

随着材料制备方法和技术的进步，金属、无机非金属等固体润滑薄膜或涂层的制备得到快速发展。例如，等离子增强化学气相沉积设备可以通过化学反应制备陶瓷 TiN、TiC、Ti (C, N) 以及类金刚石等固体润滑薄膜；激光化学沉积技术广泛用于陶瓷薄膜的制备；物理气相沉积技术可以制备金属、二硫化钼、类金刚石薄膜等多种固体润滑材料；喷涂技术则用于制备高性能合金涂层，可在各种材料上喷涂几乎所有的固态工程材料，因而能够赋予基体各种功能表面，如耐磨、耐蚀、耐高温、抗氧化等，但表面粗糙度比气相沉积技术制备的薄膜高得多。

综上所述，从古埃及人利用冰润滑建造金字塔开始，润滑材料从远古时代水、动植物油脂，发展到工业革命的润滑油及各类添加剂，再到第二次世界大战以来的合成润滑材料、固体润滑材料（如石墨、二硫化钼、软金属）等，最终发展到现代固体自润滑复合材料等先进润滑材料，并在材料的合成、制备和使用过程中不断改进、创新。虽然这些润滑材料的发展有不同的历程，具有独特的发展规律和研究特点，但均得益于以下三个方面：材料科学、物理学、化学等多学科的交叉融合，工业整体发展水平及对润滑材料的需求，科学技术进步及高精密测试设备的发展。其中材料科学、物理学、化学等多学科的交叉融合为润滑材料的制备等提供了理论依据（即怎样制备润滑材料），从而促进了润滑材料学科发展；工业整体发展水平及对润滑材料的需求为其发展指明了方向（即需要什么样的润滑材料），从而指引学科发展；而科学技术进步及高精密测试设备的发展为研究润滑机理等提供了先进的技术手段（即润滑机制是什么），从而推动了润滑材料的发展。

第三章 润滑材料的发展现状与发展态势

总体而言，2007～2016年我国在润滑材料领域的科学研究与产业化进程均取得了显著的进步，其中部分研究领域达到了国际先进水平。为更好地把握润滑材料领域的发展趋势，明确我国润滑材料在国际上的地位，本章将借助计量学方法，总结2007～2016年国际润滑材料领域的研究状况及我国在润滑材料领域的资助情况与资助成果，评估我国在润滑材料领域的学术地位及产业现状、学科发展情况（优势学科与弱势学科）、人才队伍与平台建设，分析润滑材料学科发展、人才培养、创新环境等方面存在的问题，旨在为未来我国润滑材料领域的发展提供参考。

第一节　润滑材料在国际上的发展现状与趋势

从《科学引文索引（扩展版）》（SCI Expanded，SCIE）数据库中利用Lubri* 作为主题词检索2007～2016年润滑材料领域相关期刊文献，共检索到28 729篇，采用文献计量的方法对润滑材料领域文章的情况进行分析。从2007～2016年发表研究论文年度数量（图3-1）可以看出，润滑材料领域的研究论文年度数量呈现逐年递增的趋势。2007年润滑材料领域发表研究论文总数为2064篇，随后逐年增长，2016年发表研究论文达3608篇，表明对润滑材料的关注与研究仍处于增长阶段。

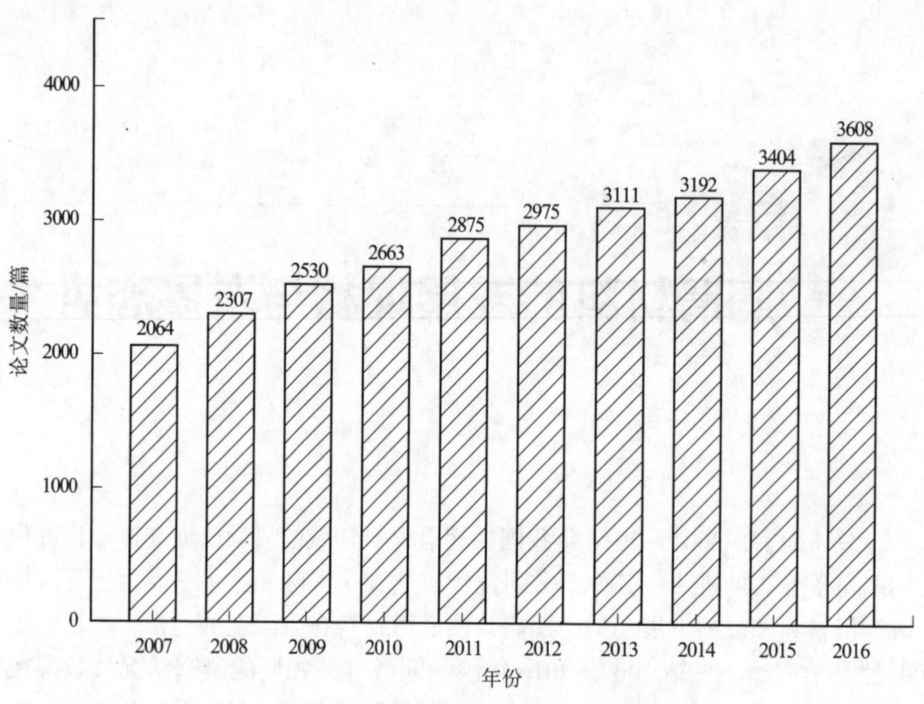

图 3-1　2007～2016 年润滑材料领域发表研究论文数年度态势

从 2007～2016 年润滑材料领域发表研究论文数排名前 10 位的国家（图 3-2）来看，中国在该领域发表研究论文总数为 6559 篇，超越美国（5545 篇）占据榜首，随后分别为日本、英国、印度、德国、法国、意大利、韩国和加拿大。由于润滑材料是工业领域的基础材料，润滑材料的研究现状能够直接反映一个国家工业的发展状况。2007～2016 年，重要的新兴经济体（如中国、印度）的经济快速发展，工业领域新型润滑材料的研究、开发、应用有较强劲的技术需求，因此在该领域的科技投入较大，涌现出大量的科研成果，科学技术水平快速发展，但总体仍处于追赶的阶段。欧洲、美国等发达国家和地区在该领域的技术水平较成熟，继续开展润滑材料的研究更是为了保持其在工业领域的领先地位。

从 2007～2016 年润滑材料领域发表研究论文数排名前 10 位的科研机构（图 3-3）来看，国内科研机构占据了半壁江山。排名第一的是中国科学院，随后分别为清华大学、西安交通大学、上海交通大学、印度理工学院、利兹大学、帝国理工学院、里昂大学、中国科学院大学和哈尔滨工业大学，其中中国科学院在润滑材料领域发表论文数遥遥领先，十年共计发表研究论文 924 篇。上述数据分析表明，润滑材料在我国的研究仍较活跃，国内已经形成多个在国际领域有一定影响力的研究团队，为未来十年我国在润滑材料领域的发展奠定了一定的基础。

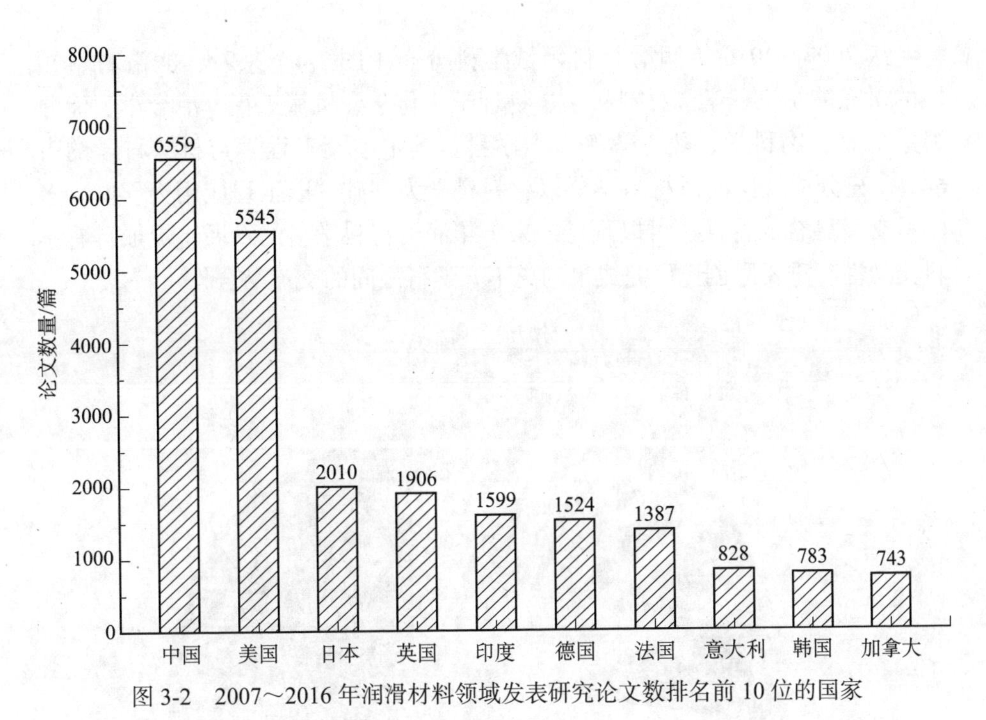

图 3-2　2007～2016 年润滑材料领域发表研究论文数排名前 10 位的国家

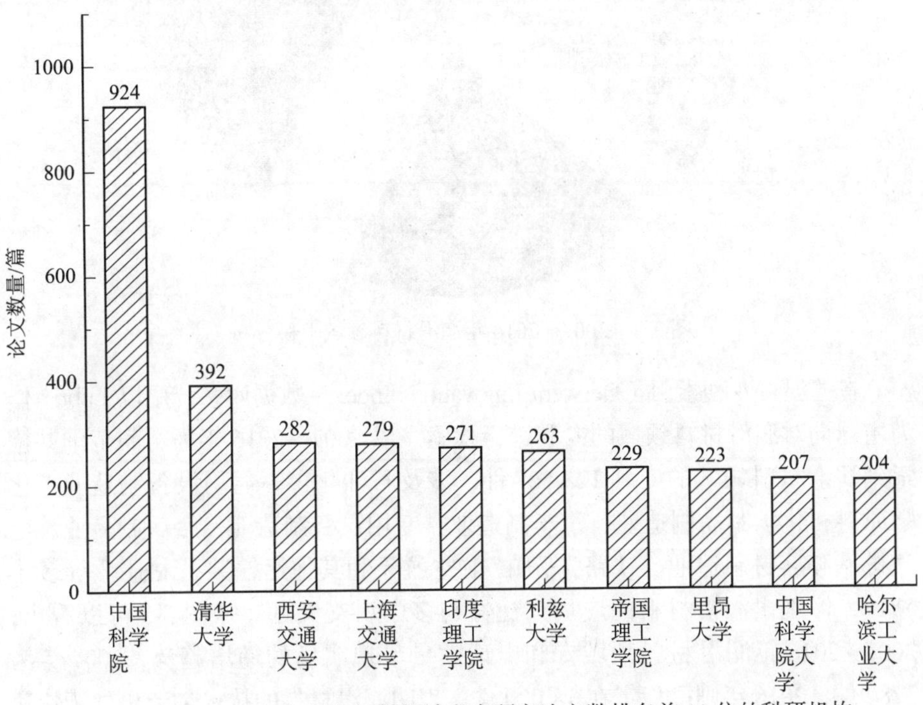

图 3-3　2007～2016 年润滑材料领域发表研究论文数排名前 10 位的科研机构

从 2007～2016 年润滑材料领域学科分布（图 3-4）来看，润滑材料领域的研究涉及工程学、材料科学、物理学、化学、机械工程、冶金学、能源科学、聚合物科学、热力学等多个学科。其中涉及工程学与材料科学的占64%，充分体现出润滑材料学科以材料科学为基础、以工程应用为导向、多学科交叉融合的特性。可以预见未来十年润滑材料学科的发展将更加具有学科交叉性，重要原创性研究成果均离不开学科之间的交流与合作。

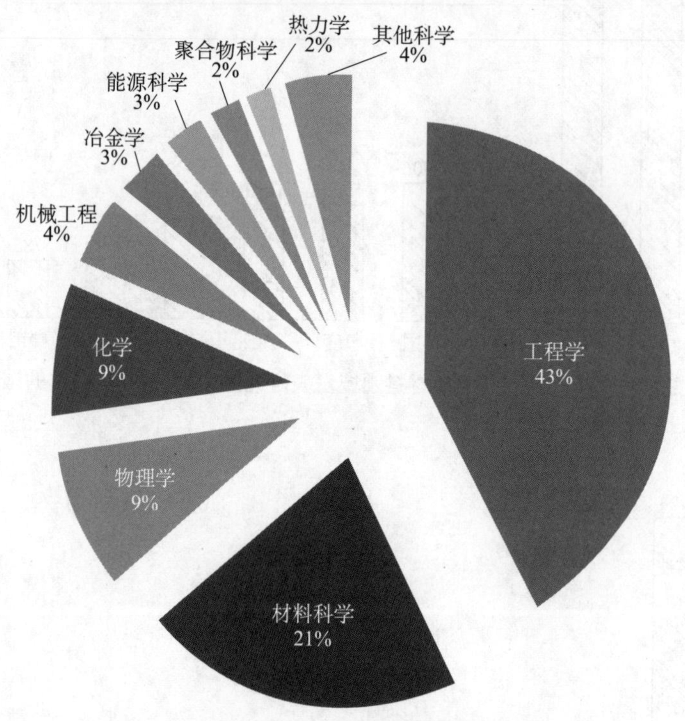

图 3-4　2007～2016 年润滑材料领域学科分布

在德温特专利索引（Derwent Innovations Index）数据库系统中以 Lubri* 作为主题词对润滑材料领域的专利进行检索，以 2007～2016 年为时间范围共检索到润滑材料领域的专利 125 567 件，涉及石油化工、通用设备制造业、化学原料和化学制品制造业、汽车制造业、专用设备制造业、金属制品业、电气机械和器材制造业、铁路 / 船舶 / 航空航天和其他运输装备制造业等多个领域，体现出润滑材料的应用广泛性与多学科交叉性。从图 3-5 可以看出，2007～2016 年润滑材料领域专利申请数量呈现明显的递增趋势，2007 年为3280 件，2016 年则已稳定在 18 020 件，表明润滑材料的技术创新仍处于快速发展阶段。

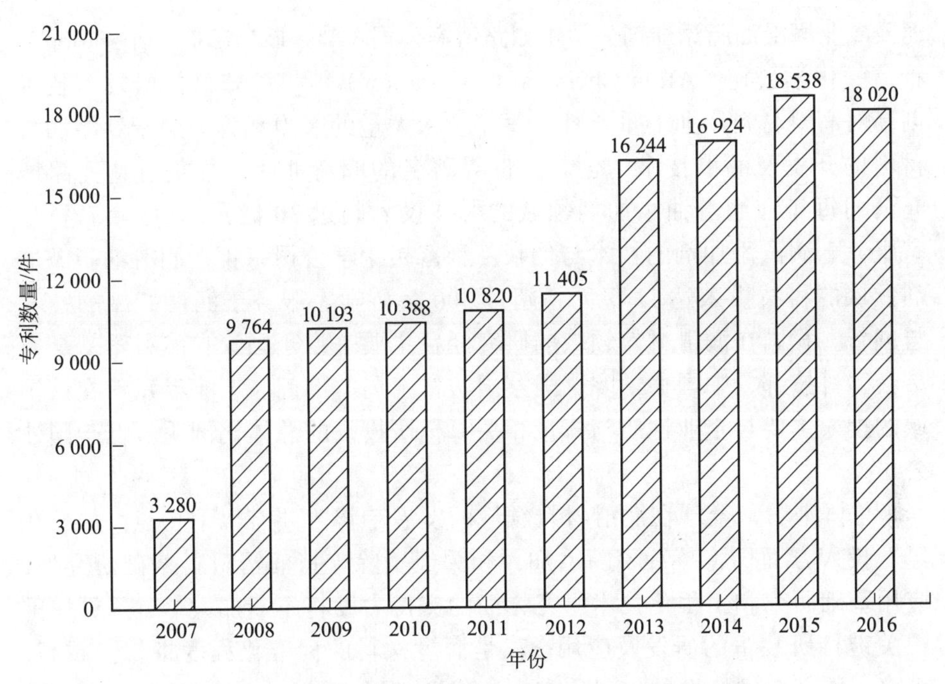

图 3-5 2007～2016 年润滑材料领域申报专利年度态势

此外，2017 年 5 月 2 日，华盛顿特区国会议员 Tim Ryan、Dan Lipinski 和 Mike Doyle 提出了一项立法议案，强调摩擦学对美国经济的巨大经济影响，需要进一步研究探索。议案指出，世界一次能源消耗的 1/3 是由于摩擦，约 70% 的设备故障归咎于润滑故障和磨损。机械系统（如内燃机和燃气轮机）磨损造成的摩擦能量损失和材料损失对经济与环境造成重大负担。这一技术每年向美国经济贡献 4000 亿～7000 亿美元。估计有 30 万人在这个行业工作，工资高于美国的中位数收入。摩擦学者和润滑工程师的就业市场一直在扩大。该议案得到美国机械工程师协会（American Society of Mechanical Engineers，ASME）、奥本大学、卡耐基·梅隆大学、佐治亚理工学院、摩擦学者和润滑工程师学会（Society of Tribologists and Lubrication Engineers，STLE）、宾夕法尼亚州立大学和阿克伦大学的支持，该议案体现出美国学术界和产业界对摩擦学与润滑材料的重视。

对于润滑材料领域研究经费投入，在基础研究方面，美国主要由国家科学基金会（National Science Foundation，NSF）、国家航空航天局、能源部（Department of Energy，DOE）等部门进行资助；在产业化领域方面，大型石化公司是科技投入的主体。埃克森美孚公司、荷兰皇家壳牌集团公司及专业润滑油脂添加剂公司［如路博润公司（The Lubrizol Corporation）、雅富顿化学公司（Afton Chemical Corporation）等］深知科技研发与技术创新对润滑材料产业的重要性，每年投入大量的人力和物力用于新型润滑材料的开发及润滑技术的创新。世界著名的润滑油脂添加剂制造商路博润公司每年在润滑油添加剂领域的科技投入超过30亿元，500余名科学家服务于润滑添加剂的技术与创新。雅富顿化学公司每年在润滑油脂添加剂领域的科技投入达12亿元，超过300名科学家服务于润滑产品的技术与创新。我国在润滑材料领域的研究经费主要来自于国家自然科学基金委员会、科技部、中国科学院、国家国防科工局等部门。产业界每年在该领域的投入主要与企业性质与体量相关，科研投入的总体比例明显低于国外公司。

总体来看，全球在润滑材料领域的发展趋势主要有以下特点：一是在经费投入方面仍将持续不断增加，相关经费除支持润滑材料基础研究外，应用基础研究和工程化技术研究方面的支持力度将不断加大；二是更加重视关键科研装备的研发及应用；三是润滑材料的标准化程度将越来越高，更多、更高要求标准的出现将有力地保证润滑材料的性能与质量；四是研究方向领域将更加体现多学科交叉的特点；五是对原创性研究成果将更加重视。

第二节　我国在润滑材料领域的经费投入情况

一、国家自然科学基金资助情况

从国家自然科学基金委员会基金项目检索系统检索2007～2016年与摩擦学及润滑材料相关的项目信息。检索策略如下：首先筛选如表3-1所示与摩擦学及润滑材料领域密切相关的类目；其次考虑摩擦学与润滑材料领域的跨学科特点，选取项目名称中含有关键词“润滑”“摩擦”“磨损”“减摩”“减磨”“抗磨”“耐磨”“磨蚀”“摩蚀”等的项目。最终检索到1738个项目，除表3-1中8个与润滑材料密切相关的类目外，还涉及258个细目。

表 3-1　与摩擦学及润滑材料密切相关的国家自然科学基金类目表

金属材料（E01）	E0112	金属材料的磨损与腐蚀
	E011201	金属材料的摩擦磨损
	E011102	金属材料的磨蚀
机械与制造（E05）	E0505	机械摩擦学与表面技术
	E050501	机械摩擦、磨损与控制
	E050502	机械润滑、密封与控制
	E050503	机械表面效应与表面技术
	E050504	工程摩擦学与摩擦学设计

2007～2016 年国家自然科学基金摩擦学与润滑材料领域资助项目数量逐年上升（图 3-6）。2009 年完成了资助超过 100 项的目标，2012 年资助项目攀升到 200 项，之后平稳增长，到 2016 年时增长到年资助 239 项。

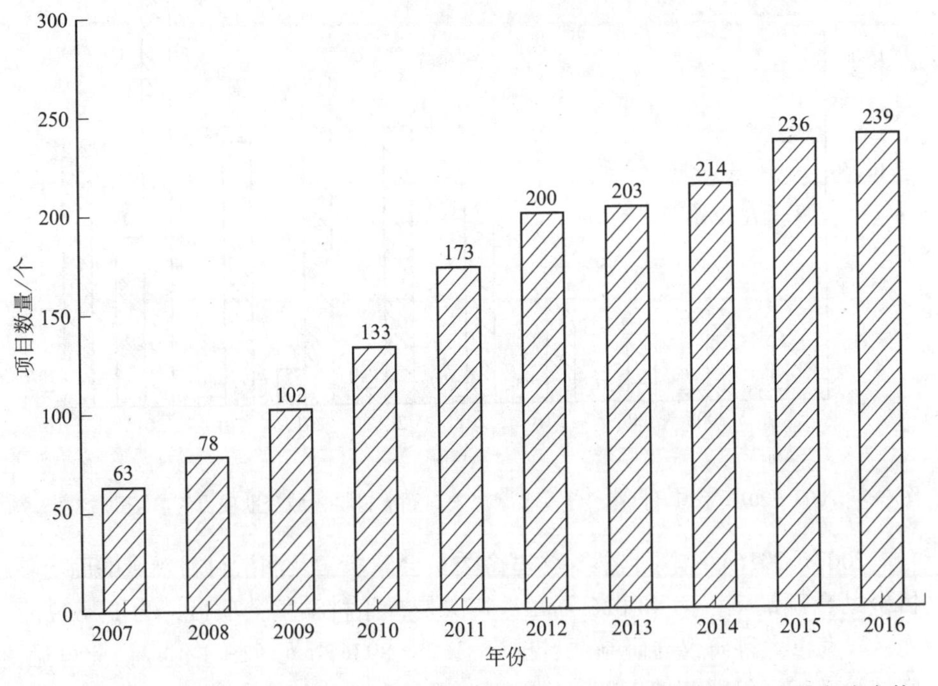

图 3-6　2007～2016 年国家自然科学基金摩擦学与润滑材料领域资助项目数量年度态势

从 2007～2016 年国家自然科学基金摩擦学与润滑材料领域资助项目年度资助金额（图 3-7）看，2013 年达到小高峰，为 13 767 万元；2015 年资助金额达到最高值，攀升到 18 864 万元，2016 年有所回落。从单项资助最大金额看，2013 年单项最大资助金额突破了 1600 万元，是由清华大学路新春负责的重大研究计划项目“亚纳米精度表面制造基础研究”；2015 年单项最大金额达到 7475.9 万元，是由清华大学雒建斌负责的国家重大科研仪器研制项目“高分辨原位实时摩擦能量耗散测量系统”。此外，2012 年由中国科学院兰州化学物理研究所刘维民负责的国家重大科研仪器研制项目“模拟空间环境下摩擦试验原位分析系统的研制”单项金额排名第三位。2016 年，西南交通大学朱旻昊负责的国家重大科研仪器研制项目“极端环境全模式冲击微动损伤测试系统研发及应用”单项金额排名第四位。可见，国家自然科学基金委员会近年来非常重视重大科研仪器的研制，尤其关注空间环境、极端环境及常规环境下的摩擦损伤测试仪器，重视亚纳米表面制造的基础研究。

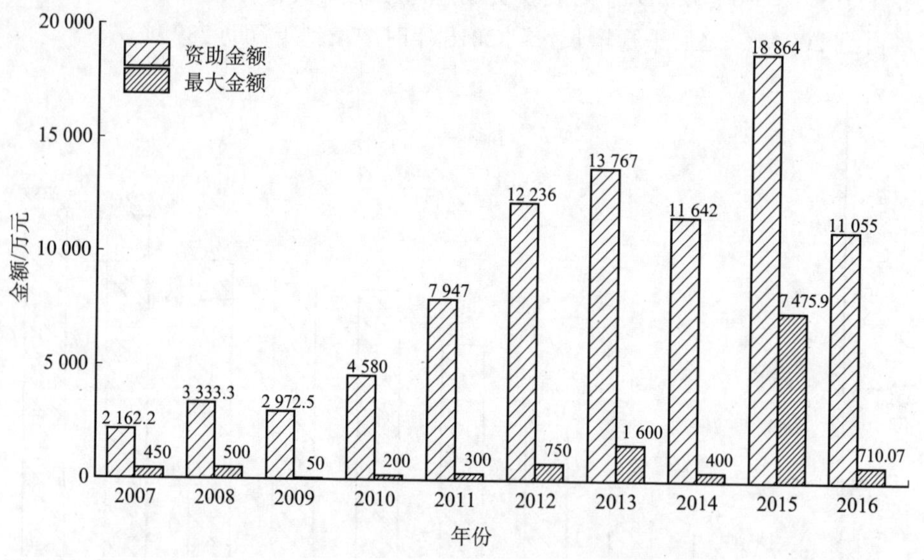

图 3-7 2007～2016 年国家自然科学基金摩擦学与润滑材料领域资助项目年度资助金额态势

2007～2016 年国家自然科学基金委员会摩擦学及润滑材料领域的面上项目资助金额最多，为 48 026 万元，其次是青年科学基金项目，为 14 629 万元；国家重大科研仪器研制项目排第三，为 8936 万元（图 3-8）。由此可见，摩擦学及润滑材料领域资助项目以面上项目和青年科学基金项目为主，近年来逐步重视国家重大科研仪器研制项目，并根据需要部署重点项目、重大研究计划项目、重大项目等。

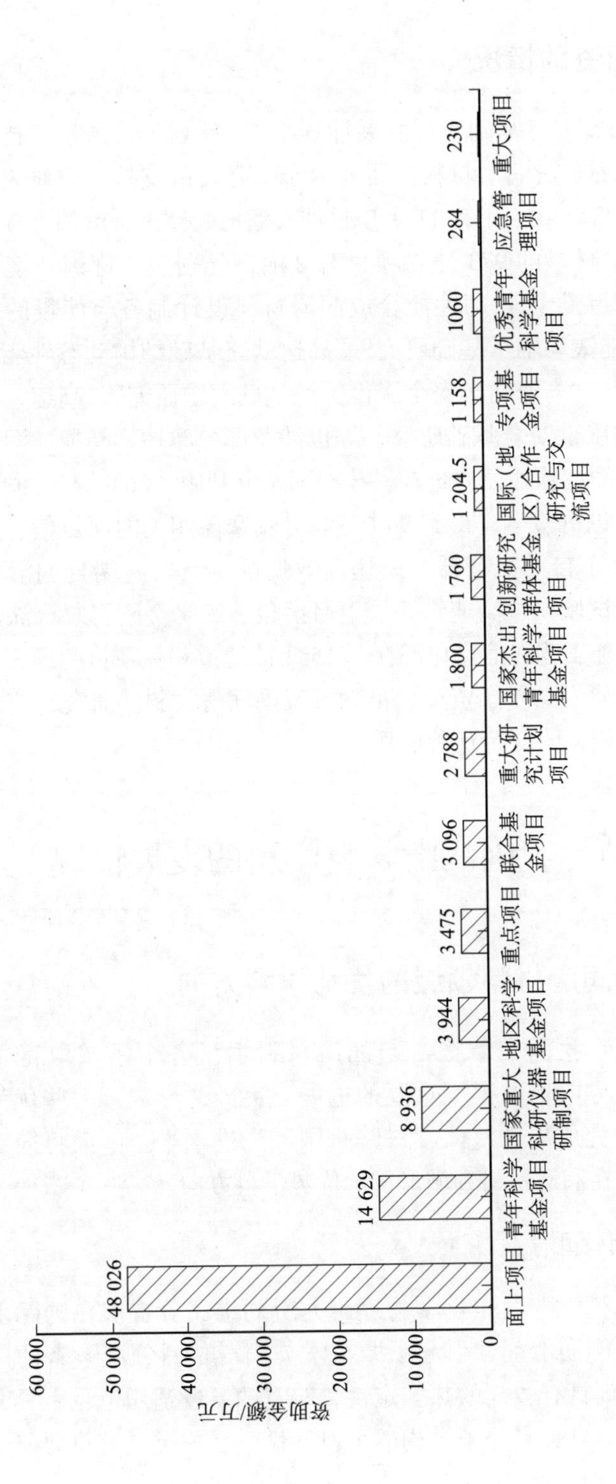

图 3-8　2007～2016 年国家自然科学基金摩擦学及润滑材料领域不同类型项目资助金额分布

二、科技部资助情况

科技部通过国家重点基础研究发展计划（973 计划）及国家高技术研究发展计划（863 计划）对润滑材料的研究给予了必要的支持。调研表明，在973 计划方面，1998～2015 年有 11 个项目涉及润滑、摩擦、磨损、损伤，其中直接体现出润滑材料的 973 计划项目有 2 项，分别为“苛刻环境下润滑抗磨材料的基础研究”及“高性能合成润滑材料设计制备与使役的基础研究”。此外“高性能滚动轴承基础研究”“高速铁路基础结构动态性能演变及服役安全基础研究”“高速列车安全服役关键基础问题研究”“高速、重载轮轨系统金属材料与服役安全基础研究”等也涉及部分摩擦、磨损、润滑等问题。由于 863 计划的特殊性，通过在科技部网站上利用“863”与“润滑”及“863”与“摩擦”进行检索，得到 9 项与润滑及摩擦相关的项目信息，主要涉及风电机组、汽车自动变速器、高速高效切削工具、高端自润滑关节轴承、高速铁路轴承试验台、高速铁路受电弓滑板、纳米金刚石复合涂层的应用与产业化等。此外工业和信息化部在 2015 年前通过相关项目的形式对高技术工业用润滑材料研发给予了资助，推动了我国润滑材料的研究与应用。进入“十三五”后，相关的支持有所加强。

第三节　我国润滑材料学科的发展情况

一、我国在润滑材料领域的优势学科方向

2007～2016 年，我国在摩擦学与润滑材料学科各个领域取得了长足进步，在若干学科方向上取得了重要的进展与突破，形成了一些优势学科与方向及原创性研究成果，整体学科跻身国际先进水平。下面将简要介绍 2007～2016 年我国在润滑材料领域形成的优势学科方向。

（一）离子液体润滑剂

2001 年，中国科学院兰州化学物理研究所刘维民等首次在国际上报道离子液体作为高性能润滑剂，引起了摩擦学与润滑材料领域学者的广泛关注。离子液体润滑剂具有较高的热安定性、较宽的温度适用范围，具有极好的减摩抗磨性能，而且具有分子结构的可设计性，是一类具有重要研究意义

及潜在应用前景的新型润滑材料。美国、英国、日本、西班牙、澳大利亚、印度等多个国家的研究机构对离子液体作为高性能润滑剂进行了广泛的研究。截至2017年，离子液体润滑剂的种类有400多种，国内外发表的研究论文有600多篇。目前我国在功能化（抗氧、抗腐）离子液体润滑剂、原位制备离子液体、油溶性离子液体、环境友好离子液体等方面的研究处于国际领先地位。

（二）润滑材料摩擦化学

摩擦化学是摩擦学与化学的一个交叉学科，主要研究相对运动中的固体表面在机械能的影响下发生的化学及物理学变化。摩擦化学的研究对润滑材料的结构设计、作用机理、失效机制及延寿技术等都有重要的指导意义。2007～2016年，我国在传统润滑材料（如润滑油及添加剂）、金属基润滑材料、聚合物基润滑材料、陶瓷基润滑材料的摩擦化学方面有了更深入、系统的研究与认知。此外在纳米材料、稀土材料、离子液体、类金刚石碳膜、有机薄膜及仿生润滑材料等新型润滑材料的摩擦化学方面也开展了一些有益的探索性研究工作，丰富和完善了摩擦化学的理论。

（三）仿生润滑材料

仿生润滑材料是运用仿生学原理，通过对生物系统的减摩、抗黏附、增摩、抗磨损及高效润滑机理的研究，从几何、物理、材料及控制等角度借鉴生物系统的成功经验和创成规律，研究开发设计的润滑材料。这种润滑材料是目前摩擦学与润滑材料的研究热点之一。中国科学院兰州化学物理研究所、西南交通大学、中国矿业大学等高校及科研院所分别在聚合物仿生润滑材料、牙齿摩擦学、关节摩擦学与润滑材料领域开展了大量的研究工作。此外，周峰研究员与郭志光研究员分别于2013年和2016年获得国际仿生工程学会杰出青年奖并担任国际仿生工程学会青年委员会主任；西南交通大学周仲荣教授2013年撰写的英文专著 *Dental Biotribology* 系统地阐述了牙齿的生物摩擦学行为及仿生设计理念。上述工作获得了国际同行广泛认可，使我国生物摩擦学及仿生润滑材料在国际上占据了一定的地位。

（四）纳米润滑材料

自1994年中国科学院兰州化学物理研究所薛群基研究团队首次报道纳米材料作为减摩抗磨润滑油添加剂后，经过20多年的发展，我国在纳米润滑材料领域的研究范围越来越广，从不同类型纳米材料（金属单质、氧化物、硫化物、稀土化合物、碳酸盐及有机聚合物）的可控制备、摩擦学机理（减摩抗磨机理，摩擦化学机理，纳米材料组分、晶型、粒径、形貌对摩擦学影响规律）到纳米润滑材料工程应用（纳米润滑油添加剂）等研究方面均取得了重要进展，目前在该领域的研究仍处于国际领先水平。

（五）表面工程摩擦学

随着表面科学和材料科学与工程的发展，2007～2016 年表面工程摩擦学（材料表面改性摩擦学）获得了迅速发展。我国从 20 世纪 90 年代开始开展表面工程技术在摩擦学领域的研究工作。目前，以中国科学院兰州化学物理研究所、中国人民解放军陆军装甲兵学院为代表的研究单位在复合表面工程摩擦学机理、摩擦化学反应及润滑材料体系的成分与结构设计和制备工艺方面取得了较大进步，使得我国的表面工程摩擦学研究在国际上占据一席之地。

（六）超滑领域

超滑（也称超低摩擦）是指两个接触表面之间的摩擦系数达到 0.001 量级或更低时的润滑状态。“超滑”最早提出于 20 世纪 90 年代。一经提出，其便成为摩擦学研究的热点之一。根据润滑材料不同，可将超滑分为固体超滑（沉积在摩擦表面的涂层，如二硫化钼、石墨、类金刚石碳膜等）和液体超滑（陶瓷水润滑、水合离子润滑、聚合物分子刷、甘油混合溶液及生物体黏液等）。2007～2016 年，我国在超滑领域（特别是液体超滑领域）开展了大量开创性的研究工作。清华大学雒建斌团队设计了多种超滑体系（磷酸、莼菜提取物），并对超滑现象与机理进行了系统的研究和阐述，使我国在超滑领域的研究达到世界领先水平。

二、存在的问题

尽管我国在摩擦学与润滑材料领域取得了显著的成绩，提升了我国在该领域的研究水平，为国际摩擦学与润滑材料的发展做出了重要贡献，但仍在诸多方面存在一些值得关注的问题。

（一）基础理论创新方面

目前，我国在摩擦润滑领域的基础研究方面跟踪较多，原创性研究成果较少。国际上，摩擦润滑理论研究近十几年没有大的突破与进展，如摩擦化学理论仍停留在20世纪90年代水平，有必要抓住这一契机，借助先进的表征测试手段开展基础理论方面的研究，提升我国在摩擦润滑理论方面的研究水平。

（二）关键核心润滑材料方面

与发达国家相比，我国在高端润滑油脂及其添加剂的性能与服役的表现方面存在较大差距。以润滑油添加剂为例，作为高端润滑材料的核心组分，国际四大添加剂公司控制了全球约90%的添加剂市场，国内在该领域出现了人才及产业断层的现象，已经严重限制了我国高端润滑油脂材料的研发。

（三）科研与产业融合方面

2007～2016年，我国从事摩擦学与润滑材料研究的高校和科研院所以承接国家科研项目为主，与产业界缺乏交流与互动。与国外相比，科研界与产业界的学术会议也未能很好地融合，而是相互独立的，这一现象需要改变。

（四）关键科研装备自主化方面

尽管我国2007～2016年在摩擦学测试装备的自主化研制方面已经取得了较大的进步，但大量的精密、通用型摩擦学设备仍依赖进口。在工程应用方面，润滑油脂材料关键台架装备几乎全部依赖进口。未来十年，有必要加强这方面的研究工作。

（五）润滑材料标准化方面

国际主流润滑材料生产制造商与OEM合作制定了润滑材料标准，我国未能参与重要标准的制定与更新。随着我国装备制造业的发展及润滑材料学科的发展，很有必要建立自己的润滑材料标准并应积极参与国际重要标准的制定。

第四节　润滑材料领域的人才队伍与平台建设情况

一、在平台建设方面

2007～2016年，我国在国家自然科学基金委员会、科技部、中国科学院、国家国防科工局、各省区市科学研究资助下逐步形成了涵盖各种类型润滑材料的专业及较完善的润滑材料研发体系。在国家级研究平台方面，除了中国科学院兰州化学物理研究所固体润滑国家重点实验室与清华大学摩擦学国家重点实验室，2015年武汉材料保护研究所有限公司获批建设特种表面保护材料及应用技术国家重点实验室，河南大学获批建设纳米杂化材料应用技术国家地方联合工程研究中心，河南科技大学于2016年获批建设高端轴承摩擦学技术与应用国家地方联合工程实验室。上述科研平台的建设将为摩擦学与润滑材料的研究增添新的活力。

二、在人才队伍方面

我国从事摩擦学与润滑材料研究的队伍不断壮大。据统计，2018年该领域有两院院士（中国科学院院士和中国工程院院士）6人、国家杰出青年科学基金获资助者14人。2007～2016年，我国在摩擦学与润滑材料领域新增院士2人、国家杰出青年科学基金获资助者9人、优秀青年科学基金获资助者10人。值得一提的是，中国科学院兰州化学物理研究所薛群基院士获得2011年度国际摩擦学领域最高奖摩擦学金奖，这是该奖项自1972年起第一次授予中国科学家。2015年，清华大学温诗铸院士也获得了国际摩擦学金奖。2013年，雒建斌院士荣获了摩擦学者和润滑工程师协会（STLE）国际奖。这些荣誉充分表明我国摩擦学与润滑材料研究得到了国际认可。

第五节　推动学科发展、促进人才成长方面的举措及存在的问题

国家自然科学基金委员会、科技部、教育部、中国科学院等机构相关人才计划项目对润滑材料学科领域的人才培养与发展起到了重要的推动作用。2007～2016年，多位润滑材料领域的青年科技人员获得了国家自然科学基金委员会国家杰出青年科学基金、优秀青年科学基金，中共中央组织部海外高层次人才引进计划（简称千人计划）、青年海外高层次人才引进计划（简称青年千人计划）、西部之光，科技部国家高层次人才特殊支持计划（简称万人计划），中国科学院百人计划、青年创新促进会等相关人才计划资助，形成了一批富有创造力的青年科研骨干队伍，在部分学科领域取得了重要的研

究进展。除上述人才计划外，温诗铸枫叶奖、雅富顿润滑科技奖学金等也对青年人才的成长起到了促进作用。

在关注润滑材料学科人才成长的同时，也应该重视人才培养方面的问题。归纳而言，人才培养方面存在的问题主要包括以下四个方面。

（1）在相关专业本科教育中，摩擦学与润滑材料相关课程的开设一直未能很好实施，本科生对摩擦学与润滑材料相关知识的掌握不系统，导致高层次摩擦学研究人才的培养缺乏高质量的本科生生源。

（2）在研究生教育中，涉及摩擦学与润滑材料研究的学科专业较分散，同时摩擦学研究与其他学科的真正有机融合交叉尚需进一步加强。

（3）我国现有摩擦学教师队伍的职称较高，但年龄偏大；讲师人数偏少，青年教师队伍急需充实。

（4）工程技术岗位人员在研究队伍中所占比例非常低，仅31%的高校在摩擦学领域设置了工程师/实验师岗位，这无疑将影响摩擦学领域的教学实践及学生实验技能的拓展。

第四章 润滑材料的发展思路与发展方向

润滑和磨损是所有机械装备面临的共性问题，从地面机械到空间装备，从微型机械到超大型燃气轮机，只要涉及机械运动，就涉及摩擦、磨损、润滑问题。润滑材料是机械装备降低摩擦、减少磨损的最重要技术途径。现代高端装备的运行工况越来越苛刻，对润滑材料技术的需求也越来越迫切。高端润滑材料的科学研究、设计开发与工程应用对现代装备的长周期、高可靠运行起着至关重要的作用。本章将从润滑材料的设计制备科学与重要工业领域的需求两个方面出发，对润滑材料的发展现状、科学问题及未来十年发展布局进行阐述。

第一节　矿物基础油

一、概述

润滑油通常由基础油和添加剂组成。基础油不仅是添加剂的载体更是润滑油的主体，决定着润滑油的基本性能。按原料来源，基础油主要分为矿物基础油、合成基础油和植物基础油三大类。在所有类型的基础油中，矿物基础油是目前用量最大的基础油，约占基础油总量的95%。矿物基础油的生产工艺与品质直接影响了我国润滑油产品的质量。本节主要就矿物基础油的研究现状与发展趋势进行概述。

二、发展现状与科学问题

矿物基础油生产技术的发展、工艺的改进、质量的提升、性能的改善等为润滑油产品质量的提高和品种的升级换代提供了最基本的保证。目前，矿物基础油生产技术领域并存多种生产工艺，包括传统溶剂精制工艺、溶剂精制-加氢精制组合工艺、全氢法生产工艺等。各国工业发展水平不一，对润滑油品质的需求也不尽相同，因此各种工艺生产的基础油仍然占据着一定的市场份额。随着现代工业装备的发展及日益严格的环保法规要求，润滑油的升级换代势在必行。从总体趋势来看，矿物基础油正逐步从Ⅰ类基础油向高氧化安定性、低挥发性、良好黏温性能和低温流动性的Ⅱ类、Ⅲ类基础油发展。基础油的生产工艺则由传统的“老三套”工艺为主的物理方法向加氢处理、催化脱蜡、加氢异构脱蜡等工艺的化学方法转变。

（一）矿物基础油的生产工艺

目前矿物基础油生产工艺主要有以下两种。

1.“老三套”基础油生产工艺

“老三套”基础油生产工艺通常由溶剂抽提装置、溶剂脱蜡装置和白土精制装置组成，三套装置属于独立的装置，各自承担抽提低黏度指数的多环芳烃、脱除蜡组分和脱硫氮等功能。近几十年来，“老三套”基础油生产工艺原理上基本没有大的变化，传统溶剂精制工艺之所以长期存在，其优点是高黏度基础油产率高，并能副产高熔点石蜡和芳香基橡胶油等；缺点是对原油品种的适应性较差，无法生产高黏度指数、低倾点、低硫氮含量和低芳烃含量的API Ⅱ类、Ⅲ类基础油，对环境污染程度高。目前国内很多基础油的生产仍主要采用该工艺，它对原油的品种、性质依赖性较强。然而由于原油整体质量变差，适用于该方法生产基础油的石蜡基原油数量减少，产能将逐渐萎缩。

2. 加氢法基础油生产工艺

加氢法基础油生产工艺最早从加氢精制取代白土精制开始，逐步经历了加氢精制、加氢裂化/处理、催化脱蜡、加氢异构脱蜡等阶段。加氢法基础油生产工艺具有收率高、操作灵活性大等优点，加氢基础油具有好的黏温性能、低温流动性能、低挥发性能和氧化安定性能，以及较低的低温运动黏度等。目前主流的加氢工艺技术有埃克森美孚公司的选择性脱蜡工艺、雪佛龙股份有限公司的润滑油异构脱蜡工艺、荷兰皇家壳牌集团公司的基础油生产工艺，以及中国石油化工股份有限公司石油化工科学研究院（简称石油化工科学研究院）的润滑油加氢处理技术与润滑油异构降凝技术。加氢技术将是未来矿物基础油生产的关键技术。总体而言，我国精制加氢技术水平与国外大型石化公司仍存在一定的差距，仍需加大科研开发力度，积极参与工业应用市场的竞争。

（二）矿物基础油的发展趋势

随着节能、环保和发动机技术的进步，以及国家第四阶段机动车污染物排放标准（简称国Ⅵ排放标准）的全面实施，对整个润滑油工业将提出更严苛的要求。未来十年，矿物基础油的发展呈现如下趋势。

1. 整体发展趋势方面

目前全球基础油总产能已经超过 5800 万 t/ 年，API Ⅰ类基础油市场持续萎缩，而Ⅱ类、Ⅲ类基础油产能不断增长。预计到 2022 年，这种总体上供过于求的局势还将继续，但是结构分化仍然严重。Ⅰ类基础油市场将会萎缩到出现供应不足，导致光亮油和一些高黏度级别的基础油在市场中将出现明显的不足。另外，由于Ⅱ类、Ⅲ类基础油对Ⅰ类基础油应用领域的过度代替，Ⅱ类、Ⅲ类基础油也将会出现过剩情况。

2. 基础油需求方面

由于我国润滑油升级换代速度加快，加上国内基础油生产品种结构不合理，虽然未来十年中国仍然将有许多基础油装置计划改造或投产，但基础油供需缺口还会有所扩大，仍将主要靠进口来满足需求。未来几年，我国基础油产量仍然会维持在 540 万 t/ 年左右，基础油进口量仍将维持在 200 万 t/年左右。

3. 生产工艺技术方面

由于我国矿物基础油生产设备主要基于大庆原油设计，随着大庆原油产量的下降，高硫原油的需求量越来越大。现有设备与技术在加工高硫原油时存在设备腐蚀、有异味、糠醛精制润滑油收率低等特点，因此对现有的生产设备与工艺升级及新型加氢技术的开发与应用将是未来十年国内基础油生产急需解决的问题之一。

三、优先支持研究方向

优先支持研究方向如下。

1. 传统工艺与加氢工艺组合工艺技术研究及设备的升级改造

目前传统的“老三套”基础油生产工艺在国内仍占主导地位。对基础油生产厂商来说，由于所加工原油的差异、润滑油产品结构和市场的不同，以及现有装置配套情况的不同，不可能也不应该采用同一模式的加氢技术，只能因地制宜，寻找适合自己的工艺技术，提升自己的产品质量。因此基于现有装置进行技术升级与装备改造，采用传统工艺与加氢工艺组合的工艺技术将是油品质量提升的主要途径。

2. 发展具有自主知识产权的润滑油精制加氢技术，提高基础油品质

目前我国基础油仍然以传统的溶剂精制工艺为主，加氢技术已经成为矿物基础油加工的主流技术。目前我国还没有掌握润滑油馏分—溶剂脱蜡—加氢处理—异构脱蜡—加氢后精制关键工艺流程，发展具有自主知识产权的润滑油加氢处理—异构脱蜡—加氢后精制等工艺技术并建设成套装置是我国矿物基础油重要的发展方向。

第二节　天然气合成基础油

一、概述

天然气合成基础油（gas to liquid，GTL）是以天然气为原料经过费-托合成（Fischer-Tropsch synthesis），再利用传统的炼油技术，如加氢裂化、异构脱蜡等对费-托蜡馏分进行加工而生产的基础油。GTL 工艺最初主要设计生产柴油和石脑油，后来逐步探索同时生产特种蜡和基础油。目前世界著名石化公司正在投入大量资金进行研究，而 GTL 技术制备基础油工艺的逐步商业化将引起基础油领域新一轮的变革。GTL 表现出优异的氧化安定性能及低温性能、较低的蒸发损失和高的黏度指数，能够满足市场对于更高性能基础油的增长要求。目前，GTL 的生产工艺已发展到能够制备从 2 cSt[①] 到大于 9 cSt 的较大跨度的黏度级别（100℃），甚至可以生产高黏度级别的光亮油。突破

① $1cSt=10^{-6}mm^2/s$。

了加氢工艺只能生产 9cSt 以下级别的 API Ⅱ类、Ⅲ类基础油的局限，也扩展了业界对高黏度级别高性能基础油的需求。除高品质外，GTL 在生产成本方面也有一定的优势。GTL 对基础油市场的影响较大，直接与传统的Ⅱ类、Ⅲ类基础油甚至聚 α-烯烃合成基础油展开竞争。未来十年，随着高性能轿车发动机油配方的发展，GTL 生产的超高黏度指数基础油市场需求巨大，在市场上的竞争力会日益增加。

二、发展现状与科学问题

工业上，费-托合成液体烃技术主要采用流化床高温合成和固定床低温合成两种工艺。两种工艺除温度有所不同外，最主要的是产品分布不同，高温技术以生产汽油、轻烯烃为主，低温技术以生产柴油和蜡为主。只有采用低温合成工艺，才能生产出高档的基础油产品。固定床低温费-托合成产物主要为费-托蜡，以正构烷烃为主，含有少量的烯烃和含氧化合物，碳数分布广（C_{20}～C_{100}），室温下通常以固体状态存在（高凝点 30～90℃），是生产高黏度指数基础油的理想原料。GTL 的核心是费-托合成技术。目前国际大型石化公司（如荷兰皇家壳牌集团公司、南非沙索公司、埃克森美孚公司、雪佛龙股份有限公司等）拥有该技术。该技术一般不转让给其他用户或国家，引进技术也不可能，合资建厂通常会有苛刻的条件限制。

国内研究方面，石油化工科学研究院进行了费-托合成技术及费-托蜡生产润滑油的研究，并取得了自主创新的成果。他们研究了由合成气经费-托反应合成烃类，再经过多个加氢处理过程制得石脑油、柴油和基础油。中国科学院大连化学物理研究所采用 Pt 负载的 SAPO-11 催化剂将费-托蜡加氢异构化。研究表明，该催化剂表现出良好的异构化性能及脱蜡性能，能够将高沸点的正构烷烃转化为低倾点、异构烷烃为主的产物，产物分布以基础油及柴油馏分为主。中国科学院山西煤炭化学研究所以贵金属 Pt 和 Pd 的氧化物发展了一种酸性强度适中、活性高、安定性好和选择性优良的异构催化剂。以费-托蜡为原料，获得了倾点低于-20℃、黏度指数为 131 的高品质基础油。虽然上述科研机构针对 GTL 已开展了相关的技术研究，其中也有一部分关于生产 GTL 的技术，但目前我国尚没有进行 GTL 工业装置建设。

从发展趋势来看，预计到 2020 年，全球 GTL 装置的产能将增加到 59 万桶/天，将会新建 3 套以上 GTL 装置。现有费-托合成基础油工艺技术被国际大型石化公司垄断，目前在 GTL 技术领域进行投资的主要是一些国际大型石化公司，如荷兰皇家壳牌集团公司、埃克森美孚公司、英国石油公司、南非沙索公司和相对中等规模的康诺克石油公司。这些公司都有足够的财力支持，多数都已开发了自己的专利技术，因此进入GTL领域有很高的技术壁垒。值得一提的是，我国的中国石化燕山石化公司和中国石油天然气股份有限公司大连石化分公司GTL项目推进，以及费-托合成油工业示范成功，为国内费-托合成高品质基础油的生产工艺提供了更多的可能性。

三、优先支持研究方向

从发展趋势来看，GTL将成为21世纪重要的一类碳氢基础油。目前我国尚未掌握该技术，迫切需要在以下三个方面开展研究工作。

1. 关键催化剂制备及机理研究

GTL制备核心技术为催化剂的研制与应用，因此开展高效催化剂的设计、制备、性能评价等工作尤为重要。

2. 规模化制备工艺研究及装置设计

GTL的工业化有赖于核心装置的设计及关键工艺条件参数的研究与选择，相关研究工作应当得到重视。

3. 油品应用验证试验的研究

GTL作为新一代基础油，要替代传统矿物基础油进入市场，还需要进行大量的、必要的测试，其中包括发动机台架试验、添加剂适配性、产品互溶性、产品的OEM认证等工作，周期也较为漫长。

第三节　聚α-烯烃合成基础油

一、概述

聚α-烯烃（PAO）合成基础油由乙烯经聚合反应制成α-烯烃，再进一步经聚合及氢化而制成。PAO合成基础油是合成基础油中的一种，具有较宽的操作温度范围、较高的黏度指数、良好的氧化安定性/热安定性/水解安定性/剪切安定性、低腐蚀性能等特点，在多个工业领域获得了广泛应用。PAO合成基础油除应用于汽车发动机油、车辆齿轮油、汽车自动传动液、低温液压油外，还在工业齿轮油、循环油、压缩机油、液压油、润滑脂基础油、导热油、减震油、化妆品等领域获得了一定的发展与应用。在现代工业装备所使用的合成基础油中，PAO 合成基础油占 30%～40%，是一类重要的合成润滑材料。

二、发展现状与科学问题

（一）工业生产技术

工业合成基础油主要采用烯烃齐聚法，其生产过程主要包括以下两个步骤：①烯烃聚合，根据所要生产的基础油黏度的不同，采用 $AlCl_3$、BF_3、Ziegler-Natta 等催化剂聚合成二聚体、三聚体、四聚体、五聚体等；②以金属钯或镍为催化剂，对不饱和双键进行加氢处理，提高 PAO 的化学安定性及氧化安定性。PAO 合成基础油的工业生产主要有蜡裂解法和乙烯齐聚法。目前，国际上一般以乙烯齐聚的 C_8～C_{12}（C_{10} 为主）烯烃为原料生产 PAO 合成基础油，国内普遍以蜡裂解烯烃为原料，经聚合、分馏、加氢、白土精制等工序生产 PAO 合成基础油。

1. 乙烯齐聚法

乙烯齐聚法以精制乙烯为原料，采用聚合催化剂为中间体，进行有规聚合得到 α-烯烃产物。该方法获得的 α-烯烃产物纯度较高，以线型聚烯烃为主，具有碳数分布均匀、正构直链 α-烯烃含量高等特点。国外各公司主要通过乙烯齐聚法制得 PAO，再经催化齐聚和加氢饱和制得具有不同黏度的 PAO 合成基础油。α-烯烃纯度高，催化活性及选择性高，工艺条件易于严格控制，因此其产品性能明显优于使用蜡裂解、分馏再聚合法制得的 PAO 产品，主要表现为黏度指数高、低温性能好及热氧化安定性能好等。国际大型石化公司（埃克森美孚公司、雪佛龙股份有限公司、英力士集团公司等）在该领域均拥有自己的专利技术。

2. 石蜡裂解法

石蜡裂解法以 350～480℃馏程的 C_{25}～C_{35} 精蜡为原料，在 0.2～0.4MPa 压力下进行裂解得到 α-烯烃产物。石蜡裂解法采用高温气相裂解，产物中存在正构内烯烃、异构烯烃、双烯烃、烷烃和芳烃等杂质，因此生产工艺存在产品质量差、成本高、产量低等缺点，在国外已被乙烯齐聚法取代。国内主要采用石蜡裂解技术生产 PAO，如中国石油天然气股份有限公司抚顺石化分公司、中国石化燕山石化公司和中国石油天然气股份有限公司润滑油分公司，但目前只有中国石油天然气股份有限公司润滑油分公司在生产，所制备的 PAO 的关键技术指标（如黏度指数）低于国外产品。值得一提的是，国内一些民营企业（如上海纳克润滑技术有限公司）与中国科学院上海高等研究院、山西潞安集团合作采用费-托烯烃为原料生产 PAO，并已成功实现了多黏度级别 PAO 合成基础油的生产。

（二）性能影响因素

PAO 的聚合度和相对分子质量分布对 PAO 合成基础油的性能有很大影响，因此改善工艺过程中的催化剂是核心技术。不同种类的催化剂对 PAO 聚合度、相对分子质量分布及油品性能都有比较明显的影响。合成 PAO 所使用的催化剂体系是决定聚合物聚合度及相对分子质量分布的关键因素。因此国内外对 PAO 合成工艺的研究主要集中在新型催化剂的制备及性能研究方面。与世界先进水平相比，我国在 PAO 合成基础油研究方面存在一定差距，主要表现在以下三个方面。

1. 催化剂的选用方面

国外目前多采用金属茂、BF_3、Ziegler-Natta 等催化剂制备不同性能的 PAO 合成基础油，采用该类催化剂制备的 PAO 合成基础油具有相对分子质量分布均一性好、性能稳定等特点。国内目前还多采用 $AlCl_3$ 作为催化剂。采用 $AlCl_3$ 作为催化剂尽管效率较高，但副反应较多，此外反应过程为多相催化反应，容易造成产品相对分子质量分布均一性差等问题。

2. 基础原材料方面

目前国外普遍采用 α-烯烃等高纯度烯烃作为原料，制备的产品具有黏温特性好、抗氧化能力强等特点。国内目前仍主要采用石蜡裂解法生产的 α-烯烃为原料，该类 α-烯烃种类多，纯度低，因此所制备的产品综合性能远低于国外同类产品，如国产 PAO 的黏度指数在 100 左右，而国外产品的黏度指数可达 130 以上。

3. 加氢精制工艺方面

国外在制备 PAO 过程中能够严格控制反应条件，特别是加氢的工艺条件，因此得到产品的抗氧化性能明显优于国内产品。国内仍然采用石两段加氢的工艺，加上加氢催化剂不够理想，造成产品颜色深、抗氧化能力差等缺点。

（三）现代应用需求

随着工业的不断发展与进步，现代机械装备对润滑油的要求越来越高，PAO 在高端装备及军事领域获得越来越多的应用。尽管面临 GTL 等工艺生产的高黏度指数基础油的冲击，但随着节能环保要求的日趋严格，PAO 仍具有较广阔的应用市场。从市场需求来看，当前全球市场的 PAO 需求量为 60 万 t 每年左右，其中低黏度 PAO 约为 45 万 t 每年，高黏度 PAO 约为 15 万 t 每年。近年来，中国、印度等新兴经济体汽车工业、机械装备制造业、军事装备制造业的崛起，也增大了对 PAO 合成基础油的需求，PAO 的市场需求仍然会呈现供不应求的态势。目前国内所使用的 PAO 中，约有 90% 依赖进口。国内生产的 PAO 的质量与国外尚存在较大差距。虽然近年来国内对 PAO 合成基础油的生产工艺研究及规模化制备取得了一些进展与突破，但长远来看仍需在关键工艺技术及催化技术方面开展研究工作，同时加紧开展工业试验，改进生产工艺条件，提高 PAO 的品质，为我国高端润滑油的研发与生产提供关键原材料。

三、优先支持研究方向

随着汽车和装备制造业的发展，对高端合成基础油尤其是 PAO 的需求量会越来越大，因而发展前景广阔。未来十年 PAO 优先支持研究方向如下。

1. 新型聚合催化剂的研究与开发

PAO 的性质主要取决于其组分的聚合度及相对分子质量分布，而 PAO 制备的催化剂则是决定聚合度及相对分子质量分布的关键因素。因此 PAO 制备催化剂的开发和优化一直是烯烃齐聚反应发展的核心内容，低成本、高活性、高选择性、高催化效率的新型固体催化体系的研究是未来 PAO 的主要发展趋势之一。

2. 从煤制烯烃到 PAO 工艺研究

当前我国 PAO 工业生产仍有别于国外成熟工艺，主要以石蜡裂解烯烃为原料生产基础油，所获产品性能与国外仍有较大差距。我国能源结构特点为多煤少油，加上国家大力鼓励和推行煤炭资源的清洁高效利用，因此以煤制烯烃为原料开发高品质的 PAO 工艺，并在此基础上打造完整成熟的产业链，将是我国 PAO 发展的重要方向。

3. 基于 PAO 的高性能润滑油品的设计与开发

高端装备制造业的发展为 PAO 的应用开辟了新的途径。以 PAO 为基础油设计开发高端装备用长寿命、高性能润滑材料是润滑科技工作者需长期关注的课题。

4. PAO 的性能与使役行为研究

PAO 虽然在多个工业领域获得了应用，但对于其性能及使役行为的研究远不及矿物基础油。未来有必要对 PAO 的基础性能（添加剂感受性、摩擦学、抗氧化、材料相容性等）及其在使役过程中的性能变化规律开展系统的研究工作。

第四节 合成酯基础油

一、概述

合成酯由于特殊的分子结构而具有优异的高/低温性能、黏温性、热安定性、氧化安定性、润滑性、低挥发性等，从而在航空等高技术领域获得了重要应用。此外，合成酯还具有优良的生物降解性、原材料可再生性等优势，从而更好地迎合了当前工业发展对新型润滑材料的要求，是目前最具研究价值和应用前景的合成润滑材料之一。目前合成酯基础油不仅用于军工高技术领域，而且广泛应用于汽车、石油化工、冶金、机械等工业领域，是一种具有广阔应用前景的合成润滑油。

二、发展现状与科学问题

（一）诞生和发展

合成酯是伴随航空发动机技术的进步对高性能润滑材料及其低温性能的需求而诞生和发展起来的合成润滑材料。20 世纪 40 年代，航空燃气涡轮发动机投入应用时，飞机速度为 0.6Ma[①] 左右，发动机输出功率小，润滑油的工作温度不超过 70℃，匹配的航空发动机油（MIL-L-6081 规格）采用矿物基础油即可。由于飞机向高速方向发展，主轴承的负荷增大引起油温升高，导致润滑油迅速分解产生大量淤渣。为解决这一问题，润滑科技工作者设计制备了具有更宽适用温度范围的双酯，发展出符合 MIL-L-7808 规格的航空发动机油（Ⅰ型合成润滑油）并在军用和民用喷气式飞机上广泛应用。随着航

① 1Ma=340.3m/s。

空燃气发动机速度和功率的不断提高，燃烧室排气温度的升高造成主轴承的温度和负荷也升高，要求进一步提高燃气涡轮发动机油的热安定性。为此，英国和美国设计制备了具有更高耐温性能和更低挥发损失的多元醇酯，并发展出符合 MIL-L-23699 规格的航空发动机油（Ⅱ型合成润滑油）。在随后的发展中，美国对Ⅰ型和Ⅱ型两个航空发动机油的规格不断进行升级，进一步提高其热安定性、氧化安定性、润滑性能等关键指标。合成酯基础油作为发动机油基础油，其技术关键是进一步拓展润滑油工作温度范围，进一步提高其抗高温氧化、抗分解、抗结焦性能。

（二）民用发展

现代工业的技术进步及能源环境问题的日益突出为合成润滑油的民用发展提供了契机。自 20 世纪末开始，埃克森美孚公司、荷兰皇家壳牌集团公司等国外润滑油公司相继研发了基于合成酯的发动机油、齿轮油、压缩机油等产品，使其在多个工业领域得到应用与推广。在汽车领域，不断发展的动力与传动系统要求润滑油具有良好的低温和黏温性能以保证低温启动与频繁启停时摩擦副的油膜存在，良好的润滑性能以降低能耗，低的挥发损失、良好的热安定和氧化安定性以延长换油期等。合成酯的性能和特点能很好地满足这些要求。当前，在高档（合成）内燃机油配方中普遍调入 10%～20% 特定结构的合成酯以改善其润滑性能及与橡胶的相容性。在高温传动领域，如钢铁、水泥行业中大量的高温轴承和高温环境下的链条传动系统，其润滑油的设计也依赖于耐高温的合成酯基础油。

（三）规模化制备与产品开发

在合成酯规模化制备与产品开发方面，国外早已经形成成熟完备的工业体系，实现了从航空发动机使用的尖端产品到各个民用润滑领域使用的经济性产品的全系列化合成酯产品的规模化生产，但其生产工艺一直处于严格保密状态。国内目前基本能够实现合成酯的规模化制备，但技术与国外仍存在一定差距，特别是在高品质（浅色、低酸值、低羟值）合成酯基础油方面缺乏成熟的工程技术。近几年，在 973 计划项目“高性能合成润滑材料设计制备与使役的基础研究”（2013CB632300）等项目的支持下，在合成酯分子设计、规模化制备工艺、润滑行为机理及失效机制等基础理论与技术方面取得了一定的研究进展。总体而言，在重要工业领域（如汽车制造、冶金、风力发电等）关键设备使用的以高性能合成酯基础油为关键组分的节能内燃机油、高温链条油、难燃液压油及齿轮油等均能够满足基本需求，但在民用航空发动机领域的应用仍属空白。

（四）分子设计、制备工艺与应用性能的研究

国内外学者在合成酯基础油的分子设计、制备工艺与应用性能等方面已经开展了一系列的研究工作，但仍然存在诸多不足之处。未来十年，合成酯基础油还需关注以下几个方面。

1. 合成酯分子结构的创新设计

目前关于合成酯基础油的研究主要集中在有限的几种分子结构类型，如双酯、多元醇酯、芳香羧酸酯及复酯等，因而需要设计新型结构或在酯化物中引入新的功能基团，以丰富合成酯基础油的种类并拓宽其应用领域。

2. 合成酯制备工艺的优化

国内目前主要采用传统的合成工艺来制备合成酯，存在许多不足之处，因此有必要开展合成酯合成新工艺原理与制备路线的研究，探索最佳的合成酯制备工艺，优化反应路线与条件，开发新型高效的酯化反应催化剂，为发展新型合成酯基础油提供材料制备方法体系和工艺路线方面的理论与技术支持。

3. 作用机理研究方面

目前人们对于合成酯与不同类型添加剂的作用机理研究较少。深入研究添加剂分子结构、极性等对合成酯性能的影响，继续探索合成酯与添加剂的相互作用机制，可为发展新型高效合成酯用润滑添加剂奠定理论基础与技术基础。

4. 环境友好型润滑剂的设计开发

高效、节能、环保是润滑油今后发展的主流方向。合成酯具有良好润滑性能与生物降解性，因此是工作于环境敏感领域的机械设备理想的基础油原材料。通过合理的分子设计，兼顾生物降解性、生态毒性、润滑性及与环境友好添加剂的复配研究，发展合成酯型环境友好润滑剂是未来合成酯的重要发展方向。

5. 合成酯用润滑添加剂方面

目前在用商品化的添加剂主要是碳氢结构的矿物基础油设计，多种添加剂特别是极性添加剂（如极压抗磨添加剂、防锈剂等）在合成酯中性能较差。因此设计开发合成酯专用的添加剂单剂（如抗磨剂、防锈剂、抗氧剂等）及复合剂体系是未来重要的发展方向之一。

6. 苛刻工况应用方面

设计并制备不同性能特点的系列化合成酯基础油，进一步实现合成酯作为合成润滑材料在耐高/低温性、黏温性、使役寿命、环境相容性等方面性能极限的突破，为解决航空、汽车及其他重要行业技术发展对高效、高可靠润滑技术的需求奠定新材料基础。

三、优先支持研究方向

未来十年合成酯基础油领域重点和优先支持的研究方向如下。

1. 合成酯基础油的基础研究方面

目前我国虽然对合成酯的基本性能及基本规律进行了相应的研究工作，但在高效催化工艺、后处理工艺、降解规律、添加剂体系等方面的认知仍有限，需予以关注。

2. 具有更高热安定性及高温润滑性的合成酯设计制备

合成酯在高端装备制造领域的应用很多得益于其优异的热安定性，因此设计开发具有更高热安定性合成酯以满足更高温度的需求是合成酯的重要发展方向。此外，高温润滑是润滑油脂材料领域长期面临的难题，具有良好高温润滑性合成酯的创新设计是解决上述问题的重要途径。因此，建议针对上述领域予以支持。

3. 高端装备用合成酯润滑剂的研制与应用

航空发动机油被视为飞机的“血液”，但目前我国民航领域航空发动机油全部依赖进口。随着我国支线客机的正常运营及大飞机的试飞，民用航空发动机油的国产化也迫在眉睫。此外制冷装备用合成酯冷冻机油国产化进程方面也需关注。

4. 具有特殊结构与性能合成酯的设计制备

传统合成酯特定的分子结构类型决定了其应用范围，为拓展合成酯的应用需对其分子结构做进一步设计，对新型酯类化合物（如近些年出现的多聚膦腈酯、α-烯烃聚酯、离子液体酯类油）的研究等予以支持。

第五节　植物基润滑材料

一、概述

公元前1650年，人类就已经开始使用动植物油脂作为润滑材料。在随后的3000多年中，动植物油脂一直是最重要的润滑材料。18～19世纪的工业革命及石油资源的开发与利用，使得廉价易得的矿物油逐渐取代天然动植物油成为润滑剂的主流。20世纪70年代末，西方发达国家出现日益突出的环境污染问题，具有较低生物降解性及高生态毒性的润滑油再次引起润滑科技工作者的关注，植物基润滑材料重新进入人们视野，同时欧洲、美国等国家和地区开始进行可生物降解润滑剂的研究工作。从全球范围来看，以可再生的植物油发展生态润滑油作为传统石油基润滑油的替代品，已经成为现代润滑材料的重要发展趋势。

二、发展现状与科学问题

（一）主要研究方向

植物油分子骨架结构为甘油与不同类型脂肪酸形成的甘油三酯，平均相对分子质量为800～1000，分子中含有多种饱和与不饱和脂肪酸。植物油中不饱和脂肪酸的存在对其性能影响较大。一方面，不饱和脂肪酸的存在能使植物油具有良好的润滑性和低温流动性；另一方面，不饱和脂肪酸的存在使植物油氧化安定性变差，因此植物油的氧化寿命要比一般的矿物油短。反之，植物油中饱和脂肪酸会增强其氧化安定性但也会影响其低温流动性。另外，植物油分子结构的局限性使其运动黏度范围非常窄（100℃为6～10 mm^2/s），限制了其应用范围。近些年针对植物油存在的上述问题，国内外科技工作者主要在以下三个方面开展了研究工作。

1. 化学改性植物油作为润滑油

化学改性植物油主要通过对植物油中的不饱和双键进行化学修饰制得，以提高植物油的抗氧化性能，主要改性方法包括环氧化、酯化、低聚、酯交换等。国外科技工作者自20世纪80年代开始便开展了相关研究工作。美国农业部国家农业应用研究中心（National Center for Agricultural Utilization Research，NCAUR）研究人员采用化学改性技术成功制备了多种植物基润滑油，同时基于植物油分子结构设计制备了多种减摩抗磨添加剂。

2. 生物工程技术

美国杜邦公司在20世纪90年代初采用基因改性技术培育出油酸含量高于80%的高油酸大豆油，并获得大面积的种植推广。随后孟山都公司也开发出 Vistive Gold 系列高油酸大豆油。与传统的植物油相比，高油酸大豆油具有更优异的抗氧化性能及低温流动性能，更适合作为润滑油使用。美国北爱荷华大学的国家植物基润滑材料研究中心（National AG-based Lubricants Center）自20世纪90年代便基于高油酸大豆油开展了环境友好植物油脂的研究工作，并成功开发了50多种植物基润滑油脂产品，在农业机械、轨道交通等多个领域获得了应用。目前采用基因改性技术可以获得油酸含量高于90%、硬脂酸含量低于1%的植物油。此外，国外公司正在采用基因改性技术提高植物油中天然抗氧剂维生素E的含量以改善植物油本身的抗氧化性能。

3. 添加剂改性技术

植物油的抗氧化性能、低温流动性能及摩擦学性能可以通过相应添加剂的加入与复配得到提升，添加剂的复配技术是植物油改性作为润滑油的一个重要手段。在植物基润滑添加剂的开发方面，美国 Functional Products 公司开发出了植物基润滑材料专用抗磨剂、抗氧剂、降凝剂及液压油/脱模油/乳化油复合剂。

国内从事植物基润滑材料研究的单位主要有中国科学院兰州化学物理研究所、上海交通大学、中国科学院新疆理化技术研究所、中国人民解放军后勤学院、石油化工科学研究院、上海大学等。研究工作主要涉及环境友好润滑剂的基础油、添加剂及其改性等。总体而言，我国植物基润滑材料的研究仍停留在理论研究层面，在植物基润滑材料产品的设计开发、规模化制备、应用技术、产品转化方面缺乏研究。

（二）市场方面

在植物基润滑材料市场方面，据克莱恩公司估计，2017～2021年全球生物基润滑油市场复合增长率将达到5%，2021年全球生物技术市场需求量将达到41万t。目前欧洲市场可生物降解润滑剂已占7%～10%，德国75%的链锯油已经被可生物降解润滑剂所替代。欧盟在2012年通过的“新工业政策”中指出，预计到2020年，包括生物基润滑油在内的欧盟植物基化工产品市场规模将达400亿欧元。除欧洲外，北美环境友好润滑剂也广泛应用于液压系统和林业，其他领域的环境友好润滑剂也在应用或处于工业试验中。目前世界主要石油公司（如埃克森美孚公司、荷兰皇家壳牌集团公司、英国石油公司、道达尔公司、美国埃索石油公司等）均拥有植物基液压油产品，并已经开展满足GF-5车用植物基润滑材料的研究工作。德国福斯公司及美国奎克化学公司分别在植物基工业油品及金属加工油品方面占据领先地位。此外，Renewable Lubricants、United BioLub、Revolution Bio-based Lubricants等公司则专注于植物基润滑材料的开发，所生产的植物基润滑材料成功应用于食品加工、水处理、森林开采、农业、交通运输及海洋装备中。值得一提的是，2014年美国生物合成技术（Biosynthetic Technologies）公司的两种含有高油酸大豆油合成的酯类化合物的配方已经通过API的认证。

（三）标准法规方面

在标准法规方面，自20世纪80年代开始，欧洲、美国等发达国家和地区已经立法禁止在环境敏感地区（如水源、矿山等地区）使用非可生物降解润滑油品，并相继出台了相应的政策法规，如德国“蓝色天使”、加拿大“Eco Logo”、北欧“白天鹅”等。2013年3月美国国家环境保护局在最新修订的《船舶通用许可》中规定，2013年12月19日以后，在美国水域行驶的商用船舶上可能与海水接触的设备使用油品必须为环境友好型产品，主要涉及液压油、工业齿轮油和润滑脂等。此外，美国加利福尼亚州法案要求2017年轻负荷车用发动机油中可生物降解润滑油掺量不低于25%。与国外相比，目前国内在环境友好润滑材料法律法规方面仍属空白，相信随着国家对环境保护的重视及国民环保意识的提高，国内也将逐步颁布实施环境友好润滑材料相关政策法规。

（四）主要发展趋势

植物基润滑材料具有的无毒、生物降解性好、可再生等特点使其成为润滑材料的重要发展方向。未来十年植物基润滑材料的主要发展趋势概括如下。

1. 新颖的植物基润滑材料创新设计

基于植物油分子结构，采用新颖的改性手段进一步提高其氧化安定性、低温流动性等关键性能，以及发展高效植物基润滑添加剂将成为未来植物基润滑材料研究的重点之一。

2. 绿色、低成本、规模化改性工艺技术研究

为获得理想氧化安定性与低温性的植物基润滑材料，需要对植物油进行化学改性。而目前的技术手段存在污染大、成本高等缺点，因此开发新的改性方法与技术一直是该领域研究的热点之一。

3. 植物基润滑材料产品的研制与应用

开展植物基润滑材料与不同类型添加剂之间的相互作用、满足特定工况需求的植物基润滑材料的设计及植物基润滑材料的应用性能研究将会对植物基润滑材料的发展起到重要的推动作用。

三、优先支持研究方向

优先支持研究方向如下。

1. 改性方法学研究

研究新颖化学改性方法以进一步提高植物基润滑材料的氧化安定性，这是实现植物基润滑材料工程应用的关键技术。

2. 基因改性

受对转基因作物种植政策法规的影响，我国应支持采用人工育种方法获得高油酸植物油以提高植物油的氧化安定性与低温流动性。

3. 植物基润滑材料添加剂

针对植物油的分子结构特点及摩擦化学反应机理，基于分子设计理论方法，开发适应于植物油的、可生物降解的添加剂。

4. 植物基润滑材料体系研究

植物油与矿物油对各种添加剂的感受性不同，与添加剂之间的相互作用机理也不同，因此应部署开展这方面的研究工作，如植物油与添加剂的相互作用、植物油对各种添加剂的适应性等研究。

5. 新型水基植物油润滑剂的研究

基于植物油良好的生物降解性能及润滑性能，研究植物油在水基润滑体系中的摩擦学性能及理化性能，发展新型水基植物油润滑剂。

第六节　其他特种合成基础油

一、概述

现代工业不断进步，对装备运行寿命的要求越来越高，同时运行环境也越来越苛刻，这些均要求所采用的润滑油具有更优异的综合性能。传统矿物基础油在耐温性、润滑性、抗氧化性、黏温性等方面已经很难满足使用要求，因此很多工况条件需要采用合成润滑油。除前面提及的 PAO 合成基础油、合成酯基础油外，为满足工作于不同工况机械设备的润滑需求，还发展了聚醚、磷酸酯、烷基化芳烃、聚硅氧烷、全氟聚醚、聚苯醚等多种类型的合成基础油，本节就几种重要特种合成基础油的研究现状及发展趋势进行论述。

二、发展现状与科学问题

（一）主要品种

1. 聚醚

聚醚（polyalkylene glycol，PAG）又称烷撑聚醚或聚乙二醇醚，是目前用量最大的合成润滑油之一。聚醚是以环氧乙烷（ethylene oxide，EO）、环氧丙烷（propylene oxide，PO）、环氧丁烷（butadiene monoxide，BO）或四氢呋喃（tetrahydrofuran，THF）等为原料，开环均聚或共聚形成的线型聚合物。聚醚具有许多优良特性，包括良好的润滑性、高的闪点和高的黏度指数、低挥发性和低倾点、对金属和橡胶作用小等。聚醚分子可以通过对环氧化合物的类型与比例的调整来获得不同性能的聚醚润滑剂，以满足不同工况的使用要求。聚醚优良的性能特点为其实际应用开辟了广阔的前景，目前聚醚已经成功用作高温润滑油、齿轮油、压缩机油、抗燃液压油、制动液、金属加工液及特种润滑脂基础油等。

聚醚的主要生产商为美国陶氏化学公司、巴斯夫欧洲公司与亨斯迈公司，其中前两家的年生产能力分别达到 6.6 万 t 与 4.4 万 t，此外德国科宁公司、意大利 Fomblin 公司也是重要的聚醚生产商。近些年，陶氏化学公司推出了油溶性聚醚（oil soluble polyether,OSP）。OSP 既保留了传统聚醚的优势，又极大地改善了聚醚的不足之处，在油溶性、橡胶相容性、清净分散性、积碳和油泥控制、氧化安定性、抗腐蚀性、传动效率、增黏和减摩等方面均表现出优异的性能。相比于传统的聚醚，OSP 可作为基础油或者添加剂，可有效改善润滑油的油泥控制、减缓腐蚀、提高摩擦学性能等。OSP 独特的性能将为润滑油脂的配方设计带来更加丰富多样的选择。

我国聚醚润滑剂的研究工作起步较晚。20 世纪 80 年代中期，随着石化工业的发展，聚醚润滑剂生产才得以发展。最早，我国的聚醚润滑油生产主要集中在中国石油化工股份有限公司润滑油重庆分公司，生产的聚醚润滑油产品包括高温润滑油、齿轮油、压缩机油、空压机油、金属加工液及特种润滑脂基础油等聚醚润滑剂。近些年，南京威尔药业股份有限公司、中国石化上海高桥石油化工有限公司、中国石油化工股份有限公司天津分公司、江苏怡达化学股份有限公司、淮安利邦化工有限公司等也先后推出了聚醚基础油。

2. 磷酸酯

磷酸酯具有良好的润滑性、难燃性、热氧化安定性、溶解性等，但也存在易水解、高毒性等缺点。目前实际使用较多的是将磷酸酯作为难燃液压油的基础油，广泛应用于飞机、舰艇、工业设备等的液压系统中，以减小发生火灾的危险性。我国于 20 世纪 70 年代开发了磷酸酯航空难燃液压油，先后研制了 4611 和 4612 磷酸酯航空难燃液压油，经地面和飞行试验证明其性能良好。此外还生产了 4613 和 4614 磷酸酯抗燃液压油，分别应用于汽轮发电机组和轧钢的液压系统。但是由于芳基磷酸酯具有较高的毒性，应用范围正逐步受到限制。需要指出的是，在边界润滑条件下，磷酸酯在摩擦副表面与金属发生反应生成低熔点、高塑性的磷酸盐混合物，重新分配摩擦表面上的负荷，因此具有很好的抗磨性能，特别是三芳基磷酸酯常用作润滑剂的抗磨添加剂。

3. 烷基化芳烃

烷基化芳烃主要包括烷基苯、烷基萘及烷基化环戊烷等。该类润滑油具备良好的低温流动性、优良的热氧化安定性、与添加剂感受性好、较好的润滑性和密封相容性等优点，因此其在润滑油中的地位越来越重要。虽然合成烷基苯综合性能较 PAO 差，但其优异的添加剂相容性、低的倾点、良好的抗氧化性及高的热安定性使其在高 / 低温环境中具有更大的优势。烷基萘以其优越的热氧化安定性用于回转式空气压缩机中，延长了换油周期，增加了运行可靠性。烷基化芳烃与 PAO 的调和能够提高与极性添加剂的相容性，可用于发展液压油、压缩机油、高温齿轮油或轴承润滑油等。多烷基化环戊烷以其优异的低温特性、低挥发性能等特点，主要应用于航空航天等领域，起到了延长设备使用寿命、增加可靠性的作用。此外，含杂原子的烷基化芳烃在专利中有许多特殊用途的报道，但很少有实际应用。

4. 全氟聚醚

全氟聚醚是一种合成聚合物，其分子中不含氢，具有抗强氧化、润滑性能好的特点，同时有很好的黏温性能和低的凝点。此外，全氟聚醚产品的沸点高、挥发损失小，常温下是液体，作为空间机械的润滑剂已有40多年的历史。国外已经在制备该润滑油方面获得了成熟的工艺，且其产品性能优异。国内只有中国石油化工股份有限公司润滑油分公司能够进行小批量生产，且产品性能与国外同类产品尚有差距。其原因是多方面的，主要是由于采用的原料及制备工艺与国外存在差距。此外，国内也缺少针对该润滑油的基础性和应用性研究工作。

全氟聚醚具有优异的黏温性、低的倾点、低的挥发性和良好的极压性等优点，在一些特殊领域发挥重要的作用。例如，可用于火箭发动机中的液体燃料和氧化剂系统的齿轮泵、阀门、调节器、压力表、金属接头盒螺纹紧固件的润滑与密封；可用于宇宙飞船供氧系统的管线、阀门、填料，以及输送呼吸用氧气的轴流送风机的轴承、宇航员供氧装置部件的润滑与密封；可用于飞机喷气燃料输送泵的润滑，可延长泵的使用寿命，减少维修工作量。

全氟聚醚合成油的高安定性、耐腐蚀性和抗磨损性等特性使其能够作为在恶劣环境下长期使用的润滑剂，如在沉积和离子注入等半导体集成生产工艺中用作机械真空泵的润滑，在电器工业中用作耐电弧的开关、滑线接触部件的润滑，在有化学腐蚀性气体的工作环境中用作各种真空泵、压缩机和阀门的润滑剂。除以上应用外，全氟聚醚还常用于磁介质、核工业、机械工程等方面，具有较长的润滑寿命等独特的性能特点。随着许多新技术的出现，对润滑油的要求将愈加苛刻，这也对全氟聚醚润滑油提出了耐高温性能、反应惰性及长寿命的要求。

5. 聚硅氧烷

聚硅氧烷又称硅油，是最早得到工业化应用的合成润滑剂之一。由于硅油具有一些优异的性能，因此其在早期备受瞩目。但由于硅油的边界润滑性能较差，对钢 / 钢摩擦副的滑动摩擦表面尤其如此，限制了其作为润滑剂在某些领域的使用。研究表明，若在硅油的化学结构中的部分硅原子上引入多氯苯基基团，则既可使硅油的润滑性能得到改善，又可以保持硅油的其他优良性能。20 世纪 50 年代初，美国通用电气公司（General Electric Company，GE）生产的产品牌号为 F-50 油品的分子结构中即含有 7% 氯原子的甲基四氯苯基硅油，广泛用于美国航天器的轴承部件中，起到了润滑作用。20 世纪 60 年代，随着航空涡轮发动机的发展，涡轮前温度不断升高，对航空润滑油的黏温性能和耐高温性能等也提出了越来越高的要求。硅油以其优异的黏温性能和低温性能成为当时航空发动机的候选润滑油脂基础油之一。我国有机硅润滑剂的研究工作始于 20 世纪 50 年代末，陆续开展了乙基硅油、甲基硅油、甲基苯基硅油、甲基氯苯基硅油和硅酸酯等的研究。20 世纪 70 年代，为了满足我国航天工业对超低挥发、耐高 / 低温润滑油的需求，中国科学院兰州化学物理研究所成功制备了一种甲基氯苯基硅油（114# 航天润滑油）。该硅油不仅具有优异的黏温特性，而且具有良好的润滑性能，尤其适用于钢 / 铜锡合金摩擦副的润滑。之后，为了进一步提高其承载能力及抗磨损性能，又设计制备了氟丙基氯苯基硅油（115# 航天润滑油），并得到广泛应用。目前，我国与国外在硅油作为润滑油的制备方面差距较小。在润滑用硅油方面需关注以下三个方面的研究：①适用于更高使用温度的硅油产品的开发；②提高硅油自身的抗磨损和承载能力，解决硅油在不同摩擦副下的润滑问题；③研究适用于硅油的润滑油添加剂，以此改善硅油的摩擦学性能。

6. 聚苯醚

聚苯醚具有优良的耐热、抗氧、耐放射和低蒸汽压等性能。聚苯醚具有极低的蒸汽压（25℃时为 4×10^{-10}Torr①），可作为空间或高真空设备润滑剂。聚苯醚自身热分解温度约为 450℃，自燃点达 500℃以上；即使不采用添加剂，聚苯醚仍然能在 288℃下保持良好的氧化安定性。正是由于聚苯醚具有良好的热氧化安定性，能够长时间工作在 300℃以上的高温环境中，20 世纪 60 年代，美国军方首次将聚苯醚作为航空发动机油应用于 SR-71 飞鸟侦察机（最高速度 4062 km/h）。美国空军为其制定了相应的军用规范 MIL-L-87100。除此之外，聚苯醚还是目前所能获得的流体润滑材料中耐辐射性能最好的润滑剂。以聚苯醚为基础油调制的耐辐射润滑油脂是目前核电领域重要的润滑剂。有实验表明，在剂量为 10^{10}erg②/（g · ℃）、温度为 252℃以下时，聚苯醚对 γ 射线及中子辐射具有很好的抵抗作用。目前的工作主要是改进聚苯醚的低温性能，其中一种方法是在苯环上引入烷基，降低其凝点。但是烷基的引

① 1Torr=133.3Pa。
② 1erg=10^{-7}J。

入通常会造成热分解温度的降低，因此在该领域仍需继续开展研究。

（二）研究方向

随着现代工业的进步与发展，机械设备对润滑油的物理化学、润滑抗磨损、环境适应性等也提出了更高的要求，特种合成润滑油的发展也面临新的机遇和挑战。为了应对润滑材料性能提升方面的挑战，很有必要从以下三个方面开展研究工作。

1. 分子结构设计及性能研究方面

目前对聚醚、烷基萘、硅油、磷酸酯、全氟聚醚等特种合成润滑材料的应用研究有诸多报道，但对合成润滑材料的相关理论基础研究较少，有待进一步加强。需要阐明合成润滑材料分子结构与产品性能之间的关系规律，进而用于指导特种合成润滑材料的分子结构设计。研究分子结构中不同元素（碳、氢、氧等）及化学状态对产品性能的影响，为新型合成润滑材料的设计及应用提供理论与技术支撑。

2. 制备工艺方面

目前我国虽然已经掌握部分聚醚、烷基萘、磷酸酯、硅油、全氟聚醚基础油的制备工艺并有相应的产品，但产品种类较少，制备工艺的成熟度及安定性都有待提升，制约了高品质、高性能特种合成润滑材料的研制与应用。国内还没有部分特种润滑剂（如聚苯醚）的相关研究报道，有必要开展有针对性的研究。

3. 应用研究方面

机械设备寿命及可靠性要求越来越高，因此合成润滑材料在长寿命设备中所起的作用越来越重要。根据设备实际工况发展合适的合成润滑材料，以提高机械设备特别是精密设备运行的可靠性是合成润滑材料的主要研究方向。

三、优先支持研究方向

优先支持研究方向如下。

1. 油溶性聚醚的研制与工程应用

与传统润滑油相容性较差是制约聚醚基础油应用领域拓展的主要因素之一，油溶性聚醚可以有效克服该性能缺陷。此外，油溶性聚醚在清净性、润滑性能方面还具有独特的优势，因此很有必要开展油溶性聚醚的相关研究工作。

2. 低毒性磷酸酯的研制及磷酸酯水解性能和抑制方法的研究

高毒性已经成为限制磷酸酯应用的主要原因。采用低毒性原料制备磷酸酯是磷酸酯基础油重要的发展趋势。此外，很有必要开展磷酸酯水解性能抑制类添加剂的研究以提高磷酸酯的水解安定性，延长磷酸酯基础油的服役寿命。

3. 特种合成基础油（全氟聚醚、聚氧硅烷等）用润滑、抗氧、抗腐等添加剂的研究工作

传统的润滑、抗氧、抗腐等添加剂主要针对碳氢类基础油设计，在含有杂原子的特种合成基础油中不能溶解或效果不佳，因此有必要针对特种合成基础油开展专用添加剂的研究工作。

4. 高热安定性聚苯醚基础油的研制工作

聚苯醚具有优异的热安定性及抗辐射性，是一类重要的特种合成润滑材料。国内目前尚没有聚苯醚相关资金资助情况及研究报告，有必要针对该类基础油开展研究工作。

第七节　润　滑　脂

一、概述

润滑脂是指将稠化剂分散在液体润滑剂内形成的稠厚的油脂状固体、半固体或半流体状物质，是一类重要的润滑材料。润滑脂的应用领域非常广泛，几乎涉及了工业机械、农业机械、交通运输、航空航天、电子信息和各类军事装备等领域。润滑脂的制备与应用是涉及物理化学、摩擦化学、胶体化学、机械学等多学科的综合性研究方向，其研究水平与我国当前的工业化进程有很大的关系。

二、发展现状与科学问题

（一）发展现状

2016 年，中国润滑脂的产量是 40 多万 t，占世界产能的 37% 左右。从产品的品质来看，我国高端润滑脂的水平与国际先进水平有一定差距，高端

润滑脂还是以进口为主。国外的润滑脂研究专注于细分市场。上游市场细分为添加剂和基础油研究，研究也多在一些大型石化公司中展开，各个专业化公司在其擅长领域内处于价值链的顶端。下游市场逐渐走向产品的功能化定制，并与设备制造企业联合开发润滑产品，进行设备配套的OEM定制。近些年，在润滑脂的产业化研究中，我国润滑脂都是在跟随、模仿国外高端润滑脂，原创性研究成果较少。一方面是由于我国的原材料发展水平还处于初级阶段，特别是基础油、添加剂的合成研究水平还较低；另一方面是由于润滑脂是一门对工艺技术要求极高、与生产设备息息相关的学科，而此方面的工艺研究工作主要集中在润滑脂的生产企业中。我国当前润滑脂的生产企业多是一些民营企业，对于新工艺的高研究成本望而却步，而作为国家支持的大型国企垄断着基础油市场，对于新技术的研究动力不足，研究速度相对缓慢。在基础理论研究方面，国内在皂纤维的产生和作用机理研究、润滑脂油膜的分布与厚度研究，以及在润滑脂析油率的控制因素、添加剂的相互协同与复配研究等方面关注不足，对于高速、静音等高端润滑脂的应用与理论研究也较少。

（二）主要品种

根据稠化剂的种类，润滑脂可以分为钙基脂、锂基脂、复合锂基脂、聚脲基脂、复合磺酸钙基脂、硅脂、全氟聚醚脂及烃基脂等。其中，锂基脂为主要的润滑脂品种，复合锂基脂、聚脲基脂和复合磺酸钙基脂等仍然是高端润滑脂的主要代表品种。

1. 锂基脂

锂基脂由于综合性能较好，应用十分广泛。同时，锂基脂具有较好的理化性质，因此在很多低温、静音等工况下也具有较好的应用表现。我国锂矿资源丰富，因此锂基脂发展较快。但近年来由于锂电池行业发展迅速，原材料价格波动明显，对锂基脂的进一步发展也产生了一定的影响。从技术角度而言，锂基脂在性能与应用方面仍有较大的提升空间，应得到持续关注。

2. 复合锂基脂

复合锂基脂是目前高滴点润滑脂的主要品种之一。复合锂基脂主要应用在汽车工业、冶金工业和各类长寿命的轴承中，其综合使用性能优越，具有通用、多效、耐高温和长寿命的特性，被公认为最具有发展前途的润滑脂品种之一。近年来，复合锂基脂的市场比例逐年增加，其新产品的开发、生产和应用也逐年增加。

3. 聚脲基脂

聚脲基脂是一种有机稠化剂，不含金属离子，避免了金属离子对基础油的催化氧化，具有无灰、高抗氧和高热安定性的作用。同时，聚脲基脂具有良好的泵送性、胶体安定性和抗水淋性，因此特别适合高温、宽温度范围或有水接触介质的场合。聚脲基脂虽然由美国最先开发，但在日本应用较广。近些年，我国的聚脲基脂研发生产呈逐年增长的趋势。

4. 复合磺酸钙基脂

复合磺酸钙基脂的综合性能十分优异，因此被称为“新一代高效润滑脂”。复合磺酸钙基脂具有天然的极压抗磨性及优良的高温、抗水、抗剪切性，在冶金行业有十分广泛的应用。随着复合磺酸钙基脂技术的进步，其在某些领域已经呈现出替代复合锂基脂等高温润滑脂的趋势，复合磺酸钙基脂具有很大的技术和市场发展空间。我国的复合磺酸钙基脂从 2001 年以后才开始初步生产，目前复合磺酸钙基脂技术已取得了较大进步。

（三）研究方向

1. 产业角度需求

在《中国制造 2025》和工业 4.0 建设的大背景下，润滑脂作为机械设备的柔性部件，其与机械设备的发展密不可分，润滑脂需要跟随机械设备的产业升级而发展。

从产业角度来讲，应关注以下领域的发展。

（1）高端制造产业。在高速铁路、机器人、风电、汽车、无人机等高端设备制造领域，润滑脂将是高端设备重要的组成部分。随着相关高端装备制造行业的发展，与其配套的润滑脂将会成为研究的重点和热点。

（2）传统工业。钢铁、水泥、电力等行业的升级换代，对润滑材料也提出了节能减排、降耗的要求。因此对传统润滑脂的高性能优化将成为重要的发展趋势。

（3）精密制造产业。随着机械设备的精密化发展，对设备的寿命、静音和转速等的要求也越来越高，对低噪声润滑脂及长寿命润滑脂的技术需求不断提高。

（4）防护领域。桥梁、港口、矿井、电梯用钢丝绳及传动链条等行业对润滑脂的防护性能要求越来越高，特殊功能化防护润滑脂将迎来新的发展机遇。

2. 技术角度需求

从技术角度而言，需要关注的研究方向如下。

（1）润滑脂油膜的分布与厚度研究。润滑脂皂纤维的形成机理研究，润滑脂塑性变形、弹性变形等流变学研究，这些研究工作将是深入理解和应用润滑脂的重要理论支撑。

（2）润滑脂制备的传质传热过程与润滑脂性能对应性研究。这方面的研究包括搅拌、分散、均质等物理混合阶段对润滑脂微观结构的影响，以及新型高效润滑脂制备设备的开发。

（3）新型高性能润滑脂稠化剂的研究和开发。

（4）纳米微米材料与技术在润滑脂中的作用和特殊性能研究。

（5）润滑脂性能指标和台架测试与工况相关性研究，完善润滑脂的使用性能评价体系。

（6）高性能润滑脂添加剂（如高温抗氧、抗磨、防锈等添加剂）的开发和性能提升，特别是长寿命添加剂的设计制备与性能研究。

三、优先支持的研究方向

优先支持的研究方向如下。

（1）润滑脂油膜的分布与厚度、润滑脂皂纤维的形成机理等研究。

（2）新型润滑脂制备设备和检测设备的开发与升级换代。

（3）高端装备用润滑脂，如高速铁路、机器人、风电、汽车、无人机等高端设备用润滑脂。

（4）精密制造产业使用的高速、静音和长寿命轴承润滑脂。

第八节　金属加工液

一、概述

随着汽车、高速铁路、航空航天等高端装备制造业的快速发展，我国已经跻身装备制造业大国的行列，对各种类型的金属材料（如车用薄钢板、钛合金、镁合金、铝合金等）都有巨大的需求。金属加工液就是优化金属加工过程的重要配套工程材料。伴随着国内制造业的不断升级，未来十年我国金属加工液市场需求将保持较快增长，其技术水平、产业化、规模化程度将不断提升。

二、发展现状与科学问题

（一）发展现状

金属加工液是润滑材料的一个重要分支，广泛应用于汽车、钢铁和有色金属、机械加工、电子产品加工等领域。我国是制造业大国，金属加工液的消耗量和增长量也位居全球第一。

水基金属加工液以其优异的冷却、清洗效果及操作环境安全清洁、价廉、难燃等优点，逐步成为金属加工液市场的主导产品。目前，水基金属加工产品和油基金属加工产品在市场上所占份额基本相当，而且逐渐出现水基金属加工产品市场份额超过油基金属加工产品的趋势。欧洲独立润滑剂制造商联合会（European Union of Independent Lubricant Manufacturers，UEIL）的市场研究报告显示，2010 年全球金属加工液消耗量为 220 万 t，其中亚洲占 41%、欧洲占 27%、北美洲占 28%，我国金属加工液市场年需求量为 50 万 t 左右。其中，水基金属加工产品占北美金属加工液总消耗量的 88%，在亚洲水基金属加工产品的市场份额也达到了 65%。这说明水基金属加工产品正在逐步成为金属加工液市场的主体产品。

水基金属加工液在发达国家已经走过了从乳化液向合成液、再向微乳化液发展的过程，形成了完备而丰富的金属加工液产品线，也形成了一批专注于金属加工液研发、生产的大型品牌企业，如奎克化学公司、米拉克龙公司、马斯特集团、巴索公司、好富顿国际公司等。这些公司在切削油、乳化油、微乳化液等金属加工液方面积累了丰富的经验，其产品针对性强，性能稳定，维护成本较低，使用寿命长，因此受到大多数用户的青睐。目前这些公司的配方技术均着眼于高端产品市场，相应产品具有使用性能优异、绿色低毒或无毒、生物安定性好等特性，但价格高昂。

我国对水基金属加工液的研究起步较晚，目前仍以乳化液为主。20 世纪 90 年代，我国才开始比较普遍地注重微乳化液的研制和应用。而且受以往粗放型经济增长模式的影响，相比于实际使用性能和使用寿命，国内更注重于水基金属加工液的一次性购入价格，对其循环利用和生态效应没有投入足够的重视，也无法律法规对有害物质的使用与排放做明确的限制和规定。因此目前国内金属加工液的产品品质普遍较低，表现为使用寿命短，易对操作者皮肤和呼吸道造成刺激等。这主要是由于金属加工液产品在配方设计和原材料选用上存在较多问题。尤其是在核心添加剂的选用上，限于成本因素，使用添加剂往往只注重低价位，导致最终产品的低性能。另外，多年来国内油品行业对金属加工液领域的关注度较低，没有投入足够的力量进行相应的产品开发。目前国内市场上还没有成熟的水溶性添加剂产品，主要添加剂（如润滑添加剂、杀菌剂、防锈剂、腐蚀抑制剂等）基本上都是国外油品公司或精细化学品公司的产品，所以急需进行相应的水溶性添加剂的研究和开发。

（二）我国金属加工液与国外的差距

概括而言，我国金属加工液与国外存在的差距主要体现在以下三个方面：

1. 金属加工液关键原材料及复配技术落后

我国缺少高性能环境友好水基润滑添加剂、防锈剂、杀菌剂等关键添加剂，严重制约了高端金属加工液的发展。此外，金属加工液的配方较落后，有不少有毒、危害性大的材料仍然在使用。例如，含硫化物的硫化脂肪、活性硫化物，作为极压剂的氯化物，用于水基切削液的亚硝酸盐防锈剂，在可溶性油中作为耦合剂和杀菌剂的酚类化合物等。这对环境和操作工人的身体健康危害严重。

2. 质量标准与试验方法滞后

国内的金属加工液的质量标准和试验方法在与国际标准接轨方面做了大量工作，取得了很大进展，但质量标准化和试验方法的制定落后，跟不上机械加工业的发展。随着机械加工业新技术的高速发展，金属加工液的品种繁多，组成差异很大。

3. 模拟试验和台架试验设备、种类与方法缺乏

当前我国科技人员面临的较大难题就是缺乏金属加工液专用的模拟试验仪器及台架试验设备，严重制约了金属加工液的研究与开发。

（三）未来十年的发展趋势

未来十年，我国金属加工液的发展趋势概括如下。

1. 高性能、长寿命、低污染、环保是金属加工液的主要发展方向

目前我国进口数控机床、加工中心等先进制造设备越来越多，对水基金

属加工液的需求量也越来越大，进口装备主要使用设备制造商指定的进口水基金属加工液产品。因此，研制高性能、长寿命水基金属加工液以替代进口产品是我国金属加工液行业的当务之急。

2. 通用、高效是金属加工液的重要发展方向

金属加工工艺多种多样，同时各种新型金属材料得到广泛应用，造成了金属加工液产品种类繁多，这给金属加工液的储存、使用带来诸多不便。为了在高速、高效、精密加工条件下满足更加苛刻的加工要求，金属加工液研发必须注重通用性和高效性，以确保对不同金属材料的适用性，同时满足不同条件下的工艺操作。

3. 环保型水基润滑添加剂的开发

水基金属加工液的技术核心是添加剂和配方，因此添加剂是水基金属加工液的核心，添加剂的技术水平往往直接决定着最终产品的质量。因此，大力发展水基润滑添加剂是开发水基金属加工液的关键技术环节。随着我国环境安全形势的日趋严峻、职业安全法规的逐渐健全及金属加工液技术的不断进步，环保型水基润滑添加剂、防锈剂、腐蚀抑制剂及杀菌剂的开发是今后水基金属加工液领域的研究重点。

4. 水基金属加工液废液后处理技术的开发

水基金属加工液废液的性状随其种类和使用状况不同而不同。由于大部分水基金属加工液都含有各种乳化剂和/或矿物油，油水较难分离，化学需氧量（chemical oxygen demand，COD）和生化需氧量（biochemical oxygen demand，BOD）较高，不合理的排放会造成地表水和地下水的严重污染，因此开发合理有效的废液处理方法也是保护环境和实现绿色加工理念的重要措施。受排放法律和法规的明文规定，国外在水基金属加工液废液处理方面开发了物理、化学、微生物、燃烧等多种处理形式，并实现了废液的集中处理。国内在未来十年需加快水基金属加工液废液后处理技术的开发。

三、优先支持研究方向

优先支持研究方向如下。

1. 基于创新的分子结构设计发展环境友好水基金属加工液润滑添加剂

水基润滑添加剂与油基添加剂不同，除了要求具有良好的润滑性能，还要求具有良好的水溶性，兼顾合适的生物降解性及生态毒性。此外，水基润

滑添加剂的分子设计理论、添加剂种类和数量远不及油基添加剂，因此有必要开展高性能环境友好水基润滑添加剂的相关研究工作。

2. 水基润滑剂的摩擦化学机理研究

水基润滑剂与油基润滑剂在物理化学性质上有较大差异，作用机理也不尽相同。油基润滑剂的摩擦学机制已经得到深入研究，开展水基润滑剂摩擦学机理研究有助于完善摩擦化学理论。

3. 纳米水基润滑添加剂研究

随着纳米科学与技术的发展及纳米材料制备水平的提高，纳米材料在工艺润滑方面呈现出广阔的应用前景。纳米水基润滑添加剂的加入可以减少硫、磷等传统润滑添加剂的使用，更加环保，因此纳米润滑技术在金属加工液中的研究与应用应受到关注。

4. 研制、开发与应用

特种合金（铝合金、铝镁合金、钛合金）、单晶硅等新材料加工用润滑剂为我国航空航天、电子制造等高端装备制造业提供了基础原材料。

第九节　润滑油添加剂

一、概述

润滑油添加剂（简称添加剂）是润滑油的重要组成部分，是现代高端润滑油的精髓。添加剂可以改善润滑油的物理化学性能，赋予润滑油新的特性或增强其原来具有的性能以满足更高的技术要求。润滑油性能的改进、质量级别的提高和使用寿命的延长等都与添加剂技术的发展息息相关。润滑油的综合性能、服役特性等在很大程度上受制于添加剂技术的发展，添加剂产业的技术进步与发展、工业化与工程应用在一定程度上决定着润滑材料的整体发展水平。

二、发展现状与科学问题

（一）发展现状

近年来，全球润滑油年产量基本维持在 3800 万 t 左右，其中添加剂的年消费总量在 380 万～410 万 t；其中发动机油用添加剂约占总量的 70%，工业润滑油用添加剂占总量的17%～20%，其他润滑油用添加剂占总量的10%左右。国外添加剂产业的集中度较高，经过激烈的兼并和重组，基本形成了以美国路博润石油集团有限公司、润英联（Infineum）公司、雪佛龙股份有限公司和雅富顿化学公司四大添加剂公司为主的格局，其共同控制了世界上约90%的添加剂市场份额，产品多以复合剂为主，除黏度指数改进剂和降凝剂外一般不对外出售单剂产品。除上述四大添加剂专业公司之外，还有几家添加剂生产规模较小、生产添加剂单剂的特色添加剂公司，如科聚亚（Chemtura）公司、巴斯夫欧洲公司、范德比尔特（Vanderbilt）公司及罗曼克斯（RohMax）公司。这些公司在各自的产品领域都具有全球领先的研发实力，在业界具有很高的知名度，并占有一定的市场份额。“四大四小”添加剂公司的市场份额相对固定，技术特点各有侧重，在未来较长一段时间内将保持相对稳定。

添加剂技术含量高，决定着润滑油产品的性能和质量，并在一定程度上影响装备制造、汽车、船舶、航空等相关行业的发展速度和水平。西方发达国家将添加剂技术作为维护国家能源安全和促进节能环保的核心技术而着力发展，同时高度控制。在润滑油添加剂市场的竞争中，国外大型添加剂公司以其技术及品质的优势抢占了中国高端润滑油添加剂市场。国内添加剂产业通过自主研发和引进国外生产技术等发展方式，已经形成一定的生产规模，但总体的科技水平明显落后，与上述四大添加剂公司存在很大差距。

我国添加剂的研究与工业化从20世纪50年代中期开始起步。经过60多年的发展，目前已有添加剂10余类共160多个品种。通过自主研发和引进国外生产技术，国内的添加剂公司已经形成了一定的生产规模。需要指出的是，我国添加剂的产品种类和质量都与国外大型添加剂公司产品有较大的差距，不能满足当前国内高端润滑油产业发展的需求。近几年，中国石油天然气股份有限公司旗下的单剂生产企业基本维持现状或大幅缩减产能缩小产品线，民营企业则更具活力，发展迅猛，呈现出明显的追赶和超越的态势。国内单剂生产企业的产品主要集中在常用单剂，包括磺酸盐、硫化烷基酚盐、无灰分散剂、ZDDP等，基本用于生产内燃机油复合剂，竞争较激烈。此外，齿轮润滑油用极压抗磨剂在国内也有一定的量产。发展自主添加剂是我国高端润滑材料领域所面临的紧迫课题。该领域的突破不但将面对着千亿元级的市场规模，而且可以为自主润滑技术的发展和保障国防安全奠定坚实的基础。

（二）产业发展趋势

未来十年，我国添加剂市场需求的增长趋势将与国内润滑油市场需求的增长趋势保持一致，但增长速度会稍快。这主要是由于国内高端润滑油的使用比例会逐步提高，特别是内燃机油质量等级的提高通常意味着添加剂用量的增加，由此会加大添加剂的消耗量。从全球范围看，当今润滑油添加剂产业的发展趋势表现在以下两个方面。

1. 标准垄断将进一步加强

四大添加剂公司在标准的制定及实施方面保持领先优势，在一定程度上垄断了所在国家装备（特别是先进设备）所用润滑油的初选权。四大添加剂公司、发动机和汽车公司、润滑油公司三位一体化共同协商，分工合作，制定相应的标准，影响和主导了整个产业的发展。一方面，评定用的标准发动机台架设计制造及评定方法等有效机制的建立成为美国发动机油标准技术的高门槛，逼迫欧盟、日本在 API 标准基础上也采用三位一体化的方式制定出自己的标准体系作为技术门槛，以期与 API 体系相抗衡；另一方面，发动机油复合剂配方技术开发及生产、润滑油公司用油品调配、汽车应用的产业分工合作机制也由此形成。

2. 技术壁垒不断加深

四大添加剂公司凭借拥有的核心技术和多年积累的实力，成为世界上最主要的添加剂供应商和生产商，集中度不断提升，并且在相当长的时间内不会被轻易打破。添加剂与相关产业链密集结合的态势日趋明显，并将长期保持，从而为世界大石油公司拥有润滑油品牌的强势影响力和后续开发潜能提供技术支持。此外，随着设备制造商对润滑油质量要求的提高及环保法规的日益严格，对添加剂配方技术也提出了更高的要求。为满足新规格润滑油的需要，添加剂公司需投入大量资金和力量进行技术开发、发动机评价和新产品的推广。开发新产品所需费用上涨幅度之大和上涨速度之快，是小规模添加剂公司很难承受的，只有具备资金和技术实力的大型公司才能承担添加剂的研发与生产。

（三）几类重要添加剂的发展趋势

近年来，为满足节能环保的要求，添加剂技术向着满足更高质量润滑油要求的方向发展，开发节能、环保、无灰等高性能、多功能添加剂必将成为未来的发展趋势。几类重要的添加剂发展趋势如下。

1. 清净剂

清净剂除了本身的清净作用，还对其分散性、抗氧化性、抗腐蚀性、极压抗磨性等提出了更高的要求，外观色泽上则要求透明度好、流动性好。未来清净剂的发展主要集中在以下四个方面。

（1）多功能清净剂。通过不同功能基团的引入或不同金属盐的复配以提高产品的极压抗磨等综合性能，如不同金属盐（镁、钠、铜等）、硫化、硼化产品。

（2）节能型清净剂。一方面，要开发高碱值产品，以降低添加剂生产成本及其在油品中的加入量；另一方面，要赋予其一定的减摩作用，以减小摩擦、降低发动机能耗。

（3）抗氧型清净剂。油品的衰败主要由氧化变质引起，抗氧型基团的引入不但可以减小抗氧剂的用量，而且可以改善产品的综合使用性能。

（4）环保型金属清净剂。所谓环保型金属清净剂，一是要求低灰分、无毒性，能满足油品低硫、低磷等性能要求，生产及使用不会污染环境；二是可以生物降解，主要包括不含硫、磷等元素的有机金属羧酸盐。

2. 无灰分散剂

为了满足润滑油配方的需求，无灰分散剂要提供更强的烟炱分散能力和更好的摩擦特性。无灰分散剂呈现出以下两种发展趋势。

（1）高分子化。高分子无灰分散剂自身热安定性能、分散性能较好，在高温条件下可以表现出良好的清净性能和抗氧化性能。

（2）多功能化。主要是在原有产品的基础上通过引入功能基团或改进产物部分片断的结构来达到增加产品功能、改善产品性能的目的。目前较常见的有引入小分子酚/胺改善产品的抗氧化性能，引入硼改善产品的抗摩擦性能等。

3. 抗氧剂

润滑油抗氧剂的发展趋势如下。

（1）高温型抗氧剂。由于机械设计技术的进步，发动机将朝着高温、高速、高输出功率的方向发展，因此需要开发高温型抗氧剂，其中胺类、氨基甲酸盐（酯）、硼酸酯类等物质将是今后高温型抗氧剂的重要发展方向。

（2）复合型抗氧剂。酚型和胺型抗氧剂之间的协同作用及酚型抗氧剂之间的协同作用已被人们所熟知。不同作用机理的抗氧剂之间的协同作用及复配规律研究将是未来抗氧剂的重要研究方向。

（3）符合环保要求的抗氧剂。随着汽车尾气排放要求的日益严苛及高档油品中磷含量的降低，ZDDP 的应用受到限制，满足环保要求、取代 ZDDP 的抗氧剂将会是未来抗氧剂的一个重要研究方向。此外随着人们环保意识的不断提高，不含硫磷、可生物降解型抗氧剂的研究也受到更多的关注。

（4）多功能抗氧剂。除抗氧化功能外，兼具减摩、抗磨、抗腐蚀等其他功能的多功能抗氧剂的设计与开发也是未来抗氧剂的重要发展方向。

4. 极压抗磨剂

不同类型极压抗磨剂的发展方向如下。

（1）普通硫化异丁烯替代品的研究是今后硫系极压抗磨剂的发展方向。

（2）含磷极压抗磨剂的发展方向是在不降低其极压抗磨性能的前提下，提高热氧化安定性，降低磷消耗以延长其使用寿命。

（3）硼酸盐是一类性能优越的极压抗磨剂，具有良好的氧化安定性、防腐防锈性及密封性，无毒无味，有利于环境保护。但其储存安定性、水解安定性和抗乳化性需不断改善，是一种亟待开发的减摩抗磨多功能润滑油添加剂。

（4）钼系极压抗磨剂是优异的摩擦改进剂、抗磨剂和极压剂，具有良好的润滑性能，应用广泛。

（5）含稀土极压抗磨剂具有优异的抗磨减摩性能，应用前景广阔，作用机理有待进一步研究。

（6）纳米润滑油添加剂的研究。

（7）新兴材料（如石墨烯、氮化硼、离子液体等）摩擦改进剂。

5. 黏度指数改进剂

近年来，分散型黏度指数改进剂发展较快，除分散型聚甲基丙烯酸酯（polymethyl methacrylate, PMMA）、乙丙共聚物（ethylene - propylene copolymer，OCP）和丁苯共聚物外，以改进分散型乙丙共聚物的贮存安定性、低温性、剪切安定性及分散性为目的的研究工作仍在进行。其发展主要集中在以下两个方面。

（1）含氮类黏度指数改进剂。用于汽油机油的高氮 OCP 黏度指数改进剂和用于柴油机油的低氮 OCP 黏度指数改进剂是开发及应用的方向之一。

（2）新型多效黏度指数改进剂。例如，分散抗氧型乙丙共聚物（dispersible antioxidant ethylene - propylene copolymer，DAOCP）黏度指数改进剂不但具有优良的黏温性能，而且有较好的分散、抗氧性能，用其配制的多级内燃机油可以减少无灰分散剂和抗氧剂的用量，从而改善油品的低温性能，因而也是研究的热点之一。

综上所述，节能、低排放、无污染、长寿命将成为我国润滑油发展的方向。因此传统的添加剂越来越不能满足油品日益严格的规格要求，开发节能、环保、无灰等高性能、多功能添加剂必将成为未来的发展趋势。

三、优先支持研究方向

优先支持研究方向如下。

（1）新型润滑油单剂的创新设计、性能与机理研究。

（2）多功能润滑油添加剂的设计制备与性能研究。

（3）环境友好润滑油添加剂的相关研究。

（4）润滑油添加剂作用机理的进一步研究。

（5）润滑油添加剂相互作用关系规律研究。

（6）高性能发动机油及工业油复合剂的研制开发与应用。

第十节　离子液体润滑剂

一、概述

离子液体因为具有较优异的减摩抗磨性能，所以引起了摩擦学界的广泛关注。美国、英国、日本、西班牙、澳大利亚、印度等多个国家的研究机构都对离子液体作为高性能润滑剂进行了广泛的研究，自 2001 年刘维民首次报道了离子液体作为润滑剂以来，已经发展了 400 多种离子液体润滑剂。离子液体的种类繁多。从理论上讲，改变阴离子和阳离子的组合，可以设计合成出成千上万种离子液体。目前研究较多的离子液体润滑剂的阳离子主要包括咪唑离子、吡啶离子、吡咯离子、季铵离子、季鏻离子等；阴离子主要包括卤素离子、四氟硼酸根阴离子、六氟磷酸阴离子、双三氟甲基磺酸阴离子、二烷基磷酸酯阴离子、螯合硼酸根阴离子、2-磺酸基丁二酸二（2-乙基）己酯阴离子等。此外，为了解决离子液体本身存在的氧化、腐蚀、溶解性差等问题，研究人员将官能团引入离子液体的阳离子或阴离子上，制备了功能定制（tailor-made）的离子液体润滑剂。

二、发展现状与科学问题

（一）发展现状

自 2001 年离子液体首次在摩擦学领域得到应用以来，对其作为新型润滑剂的研究至今方兴未艾。研究结果表明，离子液体润滑剂不但具有较高的热安定性、较宽的温度适用范围，而且具有极好的减摩抗磨性能。然而，在离子液体润滑剂的研究过程中，人们还是遇到了一些关键性的问题，如合成步骤复杂、原料昂贵、热氧化、对金属基底具有腐蚀性及在碳氢基础油中溶解性差等，明显限制了离子液体的工程应用。为了解决以上问题，科技工作者致力于发展功能定制、原位、油溶性及绿色离子液体润滑剂和添加剂，以进一步推动其工业应用。

1. 功能定制离子液体润滑剂和添加剂

为了解决离子液体的腐蚀和氧化问题，利用离子液体结构的可设计性，把具有特定功能的官能团引入离子液体中，可以设计制备出具有抗氧化和防腐蚀性能的离子液体润滑剂。这种离子液体润滑剂也可作为润滑油和润滑脂的添加剂。在保持离子液体优异的减摩抗磨性能基础上，这种方法赋予其更多的特殊功能，以进一步推动离子液体的工程应用。中国科学院兰州化学物理研究所的研究人员将受阻酚和苯并三氮唑同时引入含咪唑环的阳离子上，合成了含有双官能团的抗氧化抗腐蚀离子液体。此类离子液体表现出较好的抗氧化和抗腐蚀性能。此外，作为聚乙二醇（polyethylene glycol，PEG）的添加剂，其显示出了比普通咪唑离子液体更好的减摩抗磨性能，能有效地提高聚乙二醇的摩擦学性能。

2. 原位离子液体润滑剂

针对传统离子液体的合成步骤复杂及原料昂贵等问题，中国科学院兰州化学物理研究所刘维民课题组在前人研究的基础上，提出了在基础油脂中原位合成离子液体润滑剂的概念。利用ⅠA族金属元素的无机盐可与聚醚（或羰基化合物）通过金属阳离子与醚氧原子（或羰基氧原子）的配位作用形成无机盐-聚醚（或无机盐-羰基化合物）离子液体的原理，将一些ⅠA族金属元素的无机盐与功能有机分子在基础油脂中复配，制备出具有减摩抗磨性能的离子液体润滑剂。该类润滑剂具有成本低、油溶性好及高温摩擦学性能优异等特点，成为离子液体润滑剂新的研究热点之一。

3. 油溶性离子液体添加剂

根据离子液体结构的可设计性，通过控制阳离子和阴离子的三维结构，增加阴、阳离子取代基的链长及支链化程度，能够有效地屏蔽电荷，削弱阴、阳离子之间的静电作用，得到的离子液体在碳氢润滑油中具有较好的溶解性。中国科学院兰州化学物理研究所及美国橡树岭国家实验室的研究人员合成了一系列的季鏻盐离子液体添加剂。此类离子液体在非极性烃类合成油中具有很好的溶解性，而且对金属铁和铝无腐蚀。其作为添加剂，能提高

PAO 基础油和 10W-30 发动机油的摩擦学性能，尤其是抗磨性能。此外，该类离子液体作为航天润滑油添加剂，真空条件下的减摩抗磨性能更优异，拓展了其在航天润滑工程领域的应用。研究人员还设计制备了一类季铵盐类油溶性离子液体。该类离子液体的烷基链变化对其在基础油中的溶解度影响显著，并给出了相应的分子结构及其溶解度变化规律。

4. 绿色离子液体润滑剂

随着研究的深入，人们逐渐认识到现有的绝大多数离子液体的生物降解性较差、生物毒性较高。尽管离子液体难以通过挥发进入外界环境，但是诸多离子液体都易溶于水，易通过水系统而进入生物圈，从而造成环境污染。为了解决离子液体的腐蚀性问题及实现绿色环保，人们从较绿色且易得的原料出发，通过简单的合成工艺，制备了无卤素、易生物降解的环境友好型离子液体。它具有优异的水解安定性、对金属基底无腐蚀性及优异的润滑性；原料易得、工艺简单、成本远低于传统离子液体；其阴、阳离子均具有一定的生物相容性、低毒性，是易生物降解的环境友好型绿色润滑剂。中国科学院兰州化学物理研究所的研究人员合成了系列化绿色离子液体（如布洛芬类离子液体、氨基酸类离子液体、多库酯类离子液体），将其作为多种摩擦副材料的润滑剂而表现出优异的润滑性能。与传统的咪唑离子液体相比，合成此类离子液体的过程简单且原料廉价易得，成本较低；此类离子液体不含卤素，具有较好的水解安定性和无腐蚀性;布洛芬离子液体具有一定的生物相容性和较低的毒性，对环境没有污染，可以用作绿色润滑剂。此外，布洛芬离子液体除适用于机械工程领域外，还有望应用于医学领域。

（二）产业发展趋势

离子液体具有较好的摩擦学性能，已经取得了与传统合成润滑剂不同的鼓舞人心的结果。经过十多年的研究，离子液体作为一类理想的、绿色的、极具发展前途的高性能润滑材料，会逐渐步入工业化应用。

目前，离子液体在摩擦学领域的研究得到了人们越来越多的关注，我国在这方面的研究成果已经处在国际领先水平。但要使得离子液体润滑剂能大范围推广并得到实际的工业化应用还有很多问题需要解决，下一步的工作重点如下：①开发油溶性离子液体作为添加剂的应用，设计简便的合成方法降低其成本，使油溶性离子液体真正得到应用；②根据离子液体的特性，设计选择润滑性能优异的离子液体用作水基润滑的减摩抗磨添加剂；③拓宽绿色离子液体的种类，并解决离子液体的易吸水性、易发泡性、热氧化安定性低、黏温性能差等问题；④探索离子液体新的润滑形式，如半固体润滑剂；⑤探索高真空、高温和高压对离子液体摩擦学性能的影响；⑥研究离子液体的润滑机理和阴、阳离子之间的协同作用。

虽然我国已开展的离子液体润滑剂的研究还不能满足当前科学技术发展的需求，但离子液体作为一类理想的、绿色的、极具发展前途的新型润滑材料，具有值得人们深入研究的价值和广阔的应用前景。

三、优先支持研究方向

优先支持研究方向如下。

（1）耐高温、抗空间辐照离子液体的设计、制备和润滑机制研究，深刻揭示离子液体的耐高温抗辐照机理，为发展相关类型的润滑材料奠定研究基础。

（2）离子液体作为润滑油添加剂的设计和润滑机制研究，关联化学结构、组成、黏度和摩擦学性能的关系规律，揭示边界润滑条件下的摩擦学机制，获得具有优异润滑抗磨性能的添加剂。

（3）绿色离子液体润滑体系的分子设计、生物相容性、毒性、降解性及其润滑机制研究。

（4）发展一系列新型离子液体凝胶的制备方法，通过分子设计改善它与润滑介质的匹配性，研究它在不同机械摩擦表面的作用机制，构建一种用于减少机械摩擦磨损的新型润滑体系。

（5）离子液体的润滑机制和阴、阳离子之间的协同作用，通过摩擦系数变化和润滑膜形成的实时监测，利用表面分析手段对磨损表面进行表征，结合离子液体分子在界面的吸附情况，获得其润滑作用机制。

（6）油溶性离子液体作为添加剂与传统添加剂的协同效应和作用机制研究。关联添加剂化学结构、工况条件与服役性能的关系，揭示二者协同作用的机理，指导离子液体的工业化应用。

第十一节　纳米润滑油添加剂

一、概述

润滑油由基础油和添加剂构成，其中添加剂是高性能润滑油的精髓，关系到润滑油的减摩、抗磨损、抗氧化、承载能力等关键功能的实现及苛刻工况条件下润滑的可靠性和运行寿命。随着现代工业的迅猛发展，机械装备不断向大型化、精密化、智能化转变，机械运动部件的运行环境条件将更为苛刻，传统润滑油添加剂已经逐渐难以满足现代工业发展的需求。纳米润滑油添加剂是一类新兴的润滑油添加剂。相比于传统的润滑油添加剂，它不但具有良好的减摩、抗磨性能，而且具有独特的磨损自修复功能。

二、发展现状与科学问题

（一）发展现状

纳米润滑油添加剂是指将纳米材料用作润滑油添加剂。20 世纪 90 年代，河南大学张治军教授和中国科学院兰州化学物理研究所薛群基院士在国际上率先开展了纳米材料摩擦学的研究工作，开创了纳米材料用作润滑油添加剂的研究方向。随后，国内外多个课题组开展了相关的研究工作，丰富和完善了纳米材料摩擦学的研究内容。

河南大学张治军课题组针对纳米微粒润滑油添加剂的制备和性能开展了系统深入的研究，先后成功制备了金属单质、一硫属化合物、二硫属化合物、氧化物、稀土化合物、杂多酸等几十种纳米微粒，并研究了它们作为润滑油添加剂的摩擦学行为。研究结果表明，纳米微粒可以有效地改善润滑剂（含油基润滑剂和水基润滑剂）的摩擦学性能，尤其是能显著提高润滑剂的极压性能；铜纳米微粒对磨损表面具有显著的原位自修复性能。随后，课题组完成了油溶性纳米铜添加剂的规模化制备工艺开发，建成了年产 200t 的示范生产线。近年来，该课题组还开展了通过表面调控技术来强化纳米润滑油添加剂在不同基础油中的摩擦学性能的研究工作。中国科学院兰州化学物理研究所刘维民课题组研究了众多化学合成的纳米润滑油添加剂对基础油抗磨减摩性能的影响。这些添加剂包括含锌化合物、稀土化合物、硫化物等。研究结果显示，纳米润滑油添加剂的化学组分与物化性能是影响纳米润滑油添加剂向对偶表面转移和吸附的关键，同时对摩擦膜的形成过程和物化性能具有重要影响。清华大学雒建斌课题组从环境保护和工业应用角度出发，制备了少层的二维纳米材料，如氧化石墨烯、二硫化钼等。课题组发现，优异的分散安定性和超薄的二维结构是确保纳米润滑油添加剂能够进入摩擦接触面形成摩擦保护层，阻止摩擦副直接接触和防止运动部件发生咬合的关键所在。中国人民解放军陆军装甲兵学院徐滨士课题组对天然层状硅酸盐矿物纳米颗粒在润滑油中的摩擦学行为展开了一系列的研究，这些纳米黏土矿物主要包括凹凸棒石、蛇纹石、羟基硅酸盐等。研究发现，天然矿物的层状结构导致粉体表面存在大量不饱和键和活性基团，这有利于润滑油添加剂在摩擦接触面的吸附，并在摩擦过程中发生复杂的理化反应，形成高硬度、低弹性模量的自修复保护层，从而改善润滑油的抗磨减摩性能。

以色列魏茨曼科学研究所Tenne研究小组比较了富勒烯状二硫化钨（Fullerene-like WS_2，IF[①]-WS_2）与传统二维二硫化物（2H-WS_2和2H-MoS_2）纳米片在润滑油中的摩擦学性能。结果发现，在一定工况下，IF-WS_2具有更优异的摩擦学性能，而球状的形貌和其表面悬键的缺乏是赋予其优异摩擦学性能的关键。法国里昂大学Rabaso研究小组证明，IF-WS_2纳米颗粒更容易自由进入接触区域，导致均匀摩擦膜的快速形成。在边界润滑条件下，它也可以显著改善基础油的摩擦学性能。但IF-WS_2纳米颗粒在基础油的分散安定性是其提高基础油摩擦学性能的关键环节。

经过20多年的发展，纳米润滑油添加剂的研究范围越来越广，机理研究也越来越深入。现在几乎所有能制备纳米材料的物质（如金属单质、氧化物、硫化物、稀土化合物、碳酸盐，甚至有机聚合物）的摩擦学性能都有大量文献报道。在机理研究方面，化学组分、晶体结构、粒径，甚至形貌对纳米润滑油添加剂摩擦学性能的影响也都获得了比较深入的研究。目前对纳米润滑油添加剂的确切作用机理还不是很清楚；对于相同材料，不同课题组的研究结果还存在不一致的地方，尚无成熟的理论来统一指导纳米润滑油添加剂的设计合成和性能预测。

（二）发展趋势

未来十年，纳米润滑油添加剂主要有以下发展趋势。

1. 纳米润滑油添加剂摩擦学机制研究从定性到定量

尽管纳米润滑油添加剂的尺寸、形貌、化学组分及表面化学等对其摩擦学性能的影响都有大量文献报道，但这些研究还都停留在定性阶段，而且不同课题组的研究结果存在不一致的地方。因此，将这些因素对纳米润滑油添加剂的摩擦学性能影响机制定量化，形成纳米润滑油添加剂设计理论是纳米润滑油添加剂的主要发展趋势之一。

2. 纳米润滑油添加剂的制备从实验室规模到宏量

目前，大量纳米润滑油添加剂的摩擦学性能已经得到研究报道，但是真

① 无机类富勒烯（Inonganic fullerene, IF）。

正形成商业化产品的还不多见，这主要是由纳米润滑油添加剂宏量制备技术的缺乏造成的。纳米润滑油添加剂要想获得大规模应用，宏量制备技术开发是基础和发展趋势。

3. 纳米润滑油添加剂摩擦学性能研究从单剂到复合剂

目前有关纳米润滑油添加剂摩擦学性能的文献报道主要停留在单一的纳米润滑油添加剂添加到基础油中的研究。成品润滑油是一个复杂的系统，涉及十几种添加剂的相互作用和协同效应。研究纳米润滑油添加剂与其他添加剂之间相互作用规律是研发纳米复合剂的基础和发展趋势。

4. 针对生物基础油用纳米润滑油添加剂的基础研究

由于环保的要求，具有可生物降解性的生物基础油在未来将占据主导地位。目前，纳米润滑油添加剂的研究主要局限于矿物基础油，生物基础油和矿物基础油具有截然不同的分子结构，物理化学性能相差甚远，造成其对添加剂的要求也有别于矿物基础油。研究纳米润滑油添加剂与生物基础油的配伍规律，是纳米润滑油添加剂另一个重要的发展趋势。

三、优先支持研究方向

优先支持研究方向如下。

（1）纳米润滑油添加剂的结构、组分与摩擦学性能的量化关系研究。

（2）纳米润滑油添加剂的宏量制备技术。

（3）纳米润滑油添加剂与其他添加剂，包括抗氧剂、黏度指数改进剂、清净分散剂配伍规律研究。

（4）纳米润滑油添加剂形貌与摩擦学性能的构效关系研究。

（5）纳米润滑油添加剂表面化学对其摩擦学性能的调控机制研究。

（6）自分散纳米润滑油添加剂的设计合成及摩擦学机制研究。

（7）用于可生物降解基础油的纳米润滑油添加剂的设计合成及摩擦学性能研究。

第十二节　仿生润滑材料

一、概述

中国科学院兰州化学物理研究所周峰等在其撰写的《润滑之新解》一

文中对“润滑”的概念做了新的解释。润滑是摩擦学研究的主要内容，是一种改善摩擦副的摩擦状态以降低摩擦阻力、减缓磨损的技术。英文中用“lubrication”表示润滑，来源于古英语“Lubric”，意义为“表面光滑的，难以捉摸的”。从汉语构词法来看，“润滑”一词包括两个方面，即包括“润”与“滑”。前者主要描述固-液界面间静态润湿的性质，后者描述固-固（液）界面间相对运动的性质；前者是因，后者是果。汉语“润滑”一词最早可追溯至西汉刘安编著的《淮南子·原道训》。其中提到“夫水所以能成其至德于天下者，以其淖溺润滑也”。明代方孝孺在《游清泉山记》也曾写道：“蹑而升，润滑不可停足。”两处都讲到水使固体表面润湿而变得滑腻。当然，当前无论英文“lubrication”还是汉语“润滑”，都泛指通过施加一种物质来降低相互接近的相对运动表面的摩擦或者磨损的过程或者技术。润滑剂也不只局限于水基材料，还包括固体润滑剂、液体润滑剂及气体润滑剂等各种状态的润滑材料。但是“润滑”一词带给我们的关于流体润滑下“润”与“滑”关系的思考却值得探讨。

二、发展现状与科学问题

润湿是指液体与固体表面接触后固-液体系自由能或吉布斯（Gibbs）自由能降低的过程，是一个自发的过程。液滴在固体表面达到平衡后，气、液、固相交界处界面张力和为零，即 $\gamma_{LV}\cos\theta+\gamma_{SL}-\gamma_{SV}=0$，其中，$\gamma_{SV}$、$\gamma_{SL}$、$\gamma_{LV}$ 分别为固-气、固-液、液-气间表面自由能，θ 为固-液-气三相接触角，上述公式最先由 Young 于 1805 年提出，称为杨氏方程。由此，液滴在固体表面的润湿状态通常由接触角描述：当 $\theta < 90°$ 时，为亲水状态；当 $\theta > 90°$ 时，为疏水状态；当 $\theta < 5°$ 时，为超亲水状态；当 $\theta > 150°$ 时，为超疏水状态。远古时期人类就认识到了摩擦现象，并利用动物油脂等手段提高摩擦表面的润滑性能以降低表面摩擦。但科学意义上的润滑状态研究始于 1902 年德国学者斯特里贝克对有润滑剂存在的滚动轴承与滑动轴承的摩擦试验，并绘制出斯特里贝克曲线。斯特里贝克曲线将两摩擦副间润滑方式分为边界润滑、混合润滑、流体润滑三种。其中，边界润滑是指两摩擦副间有少量润滑剂，摩擦副表面接触充分，摩擦系数较大（约 0.1）；流体润滑是指两摩擦副间有一定的距离而没有接触，润滑剂充满于其间，摩擦系数很小（0.001～0.01）且取决于润滑剂黏度、润滑剂与摩擦副之间的作用及相对运动速度；混合润滑处在边界润滑和流体润滑之间，指摩擦副间有一定油膜厚度且表面间有少量的表面接触，因此其摩擦系数也处在边界润滑与流体润滑之间。

（一）亲水润滑

自然界中存在很多因“润”而“滑”的例子，如小溪旁布满青苔的岩石、水中游动的鱼儿、每天频繁眨动的眼睛、人体膝/髋关节等，都呈现出（超）亲水状态和极低摩擦系数。由此可以推断出，一种亲水（易润湿）的表面可以导致一种滑（低摩擦）的状态。例如，水是关节软骨中最丰富的成分，由软骨表面至深层含水量逐渐减少。摩擦剪切过程中，水分在关节软骨表层的水平流动中起到承重及润滑的作用。因此，天然的关节软骨完美地诠释了润湿与润滑之间的关系。然而，天然关节软骨因磨损致其润滑性能发生变化，这就需要使用人工仿生关节软骨材料进行替代。其间，人工仿生关节软骨材料的亲水化（即关节液对软骨网络的亲和性）是制备人工仿生关节软骨材料的基本前提条件。

目前，国内外研究仿生人工关节软骨的手段有两种：一种是生物组织工程法，就是在骨组织的表面培养软骨细胞，长出具有一定承载、抗磨损功能及优异水润滑性能的软骨层。上海交通大学医学院附属第九人民医院戴克戎院士团队在这方面做了大量的研究工作，特别是在早期软骨修复方面取得了重大突破。但就目前组织工程的研究进度来说，与临床应用还有很大差距；另一种为工程材料学方法，即在传统人工关节材料表面复合一层高承载、抗磨损性能的亲水性聚合物人工软骨材料，制备出软硬复合型人工关节材料，实现人工关节的低摩擦特性，目前该领域已经有了相当成熟的解决方法。用来模拟天然关节软骨层的代表性聚合物体系有聚电解质刷和聚电解质水凝胶等。中国矿业大学葛世荣团队及南京理工大学熊党生团队在这方面做了大量的基础研究工作，并取得了一系列成果。此外，使用亲水性聚合物刷材料对人工关节表面进行润滑改性，也可以很好地模拟天然关节软骨的运行机制，获得需要的润滑性能。中国科学院兰州化学物理研究所周峰团队基于宏观聚合物刷材料做了大量的工作，并产生了重要的国际影响力。清华大学摩擦学国家重点实验室通过和以色列魏茨曼科学研究所合作，在微观尺度上揭示了刷型分子超润滑机制，为设计新型仿生关节软骨材料提供了理论指导。为进一步改善软硬复合型关节软骨材料的抗磨及承载性能，出现了多层梯度仿生设计理念。周峰团队和葛世荣团队在发展多层梯度仿生关节软骨材料的构建及其接触界面承载润滑机制方面做了大量工作，研究结果表明使用梯度结构材料有利于改善界面的应力耗散方式和摩擦副的接触润滑状态，最终能够有效减轻材料的磨损。相对生物组织工程法而言，人工关节软骨材料是一个较好的选择。但就实际应用来说，合成类人工关节软骨材料尚需更可靠的临床验证试验，故还有很长的路要走。

此外，人体口腔也能完美地诠释“润”与“滑”之间的关系。正常情况下，人体口腔黏膜表面吸附了一层超亲水的唾液蛋白分子和活性酶，呈现出良好的水润滑特性。然而，当蛋白分子和活性酶层被破坏时，口腔黏膜表面将会变得相对疏水，口腔内表面润滑性能变差。中国科学院兰州化学物理研究所的研究团队很好地证明了这一点。研究人员发现在疏水的基底表面可控吸附一层口腔黏膜蛋白分子后，基底表面由疏水态变为亲水态，滑动剪切下呈现出良好的水润滑性能。此时，在滑动界面原位滴加单宁酸分子，吸附在疏水基底表面的蛋白分子膜破坏，基底又变成疏水态，界面摩擦力快速升高。该研究很好地揭示了口腔发涩现象背后的摩擦学机制，完美地诠释了“润”与“滑”之间的规律，为这一领域的重要突破。国内外其他研究机构也就口感与口腔摩擦学之间的关系展开了大量研究，但对“润”与“滑”规律的研究探索较少。

综上所述，根据仿生润滑材料在生物领域的使役条件和应用需求，它可分为高载、中载和低载三个体系。高载体系主要包括置换型仿生人工关节材料、人工关节润滑剂及植入型骨钉材料。这类润滑材料使役载荷较大，在实现优异润滑性能的同时需兼顾其机械承载性能。除此之外，良好的生物安全性及组织兼容性是保证此类材料安全使用的重要指标。目前，国内威高集团有限公司在置换型仿生人工关节材料和植入型骨钉材料技术研发及产品推广方面做了大量工作，已经有成熟产品。而就人工关节润滑剂研发而言，国内尚以透明质酸钠体系为主，未有新型人工关节润滑剂产品，因此研发需求较为迫切。中载体系以介入型医疗器械材料为主，包括润滑导管、润滑导丝及润滑套等。这类润滑材料使役载荷往往不是很大，材料表面的超低摩擦及抗剪切安定性是其使用的重要指标。中国科学院兰州化学物理研究所周峰团队基于仿生学设计理念，成功研发出具有优异水润滑及承载性能的导尿管涂层材料，相关技术指标已经达到了国际产品规格。低载体系以隐形眼镜材料为主，这类润滑材料使役载荷很低，材料表面的超低摩擦是其使用的重要指标。此外，基于口腔环境的功能性仿生润滑材料也是该领域的研究重点。西南交通大学周仲荣团队在牙齿生物摩擦学功能形成机理及仿生设计应用方面做了大量的研究工作，并在国际上产生了重要的影响力。例如，该团队首次在国际上提出了牙齿磨损新模型，这项工作也为建立牙釉质微观摩擦磨损机理奠定了基础，为牙齿仿生材料的研究提供了重要的理论依据。

相反，对于疏水（不润湿）的表面，液体无法在摩擦副之间保持，导致高的干摩擦状态。关节软骨表面亲水结构和组分及关节滑液中的润滑素使关节软骨表面保持超亲水的状态，并把水“锚固”在摩擦界面起到润滑作用。上述代表性的研究工作证明两个固体表面在水润滑介质存在下对磨时，表面润湿性对表面润滑性能有决定性的影响，一个超亲水的表面可以导致一个低摩擦系数的状态，当表面与水的亲和性变差进而去水化、表面变得更疏水时，摩擦系数增加。

（二）疏水减阻

但在自然界中，存在另外一种情形：荷叶表面上水滴自由滚动，水黾可以在水面上行走等，尽管水滴不能润湿这些表面，但是很容易从表面滑落，说明固-液界面有着很小的摩擦系数。由此推断出一个不润湿表面可以有效降低固-液界面的摩擦系数。事实也正如此，表面润湿性对固-液界面边界滑移同样有决定性作用；降低表面润湿性，减小固-液界面间分子相互作用可以有效增加固-液界面间边界滑移。北京航空航天大学江雷系统地研究了界面材料结构和化学特性规律，首次提出了纳米界面材料的二元协同效应。基于此理念，江雷研究团队发明了一系列超疏水自清洁减阻抗污技术，并创造性地将仿生微纳米复合结构与外场响应性分子设计相结合，实现了在单一或多重外场控制下材料表面浸润及减阻特性的可逆变化。中国科学院兰州化学物理研究所周峰则从表面化学组成角度出发，在粗糙阳极氧化铝表面修饰各种刺激敏感性聚合物，发现（超）疏水表面化学组成对表面润湿、黏附及固-液界面减阻行为有显著影响，实现了外界刺激（如光、热、pH）对固-液界面润湿黏附及减阻行为的可逆调控。这些工作证明表面润湿性决定着固-液界面摩擦系数，即疏水低黏附表面要比亲水表面有着更大的边界滑移长度。

针对这一典型特性，各种疏水性（特别是超疏水性）功能材料相继研发出来，以满足不同的工况需求。疏水性功能材料（液滴在其表面呈现出低摩擦力）已经实现产品化，已广泛应用于民用和军事领域中。代表性的应用产品有超疏水自清洁涂层、疏水防冰涂层、疏水防腐涂层及疏水减阻涂层等。在超疏水自清洁涂层及疏水防腐涂层研发方面，我国已经取得自主知识产权，相关技术已经实现产业化。其间，具有极端润湿性的超疏水涂层在防结冰领域应用前景较好，可以有效延迟冰的成核时间，使得结冰更易滑落。北京航空航天大学仿生与微纳生物制造技术研究中心多年来致力于仿生超疏水防冰技术的研发，为解决飞机防冰问题提供了一定的理论和技术指导。但仿生超疏水防冰材料有利有弊，其防冰效果往往只在短期内有效，随着结冰时间的延长，涂层表面的微纳结构很容易与冰形成机械互锁效应，将极大地增加冰与表面的黏附，进而增加除冰难度。针对这一问题，科学家通过模拟食虫草的捕食机制，将润滑油浇注到多孔材料中，发展了复合型仿生超滑除冰材料。该设计理念最早由中国科学院兰州化学物理研究所王晓龙提出，美国哈佛大学 Aizenberg 等利用该理念成功制备出仿生超滑材料。随后中国科学院兰州化学物理研究所周峰课题组对该理念进行了拓展，开发了基于近红外响应的仿生智能超滑材料，并对该技术进行了应用推广。然而，就应用技术研发来讲，我国一些研究团队虽在疏水防冰领域做了大量研究工作，但研究成果大多限于实验室水平，尚无高效的仿生除冰材料推出，因此国内还需加大研究力度。船舶、舰艇、鱼雷等海中航行体在海洋经济建设和海洋国防中发挥着重要作用。国内外研究表明疏水涂层可以有效降低航行体在水中的前进阻力及燃油耗量。基于此，发达国家相继投入大量的资源去攻克这一课题，并取得了一系列突出成果，相关技术已经应用在军事领域中。我国远洋航行事业起步较晚，加上国外对相关技术的封锁，研究步伐相对落后，但近几年国内相关科研团队也取得了一系列基础研究成果，例如，西北工业大学在这方面产生了众多原创性研究成果，并亟待开展进一步的应用研究工作。

总而言之，“润”与“滑”存在重要的因果关系。对于固-固界面摩擦，当外加水或其他润滑剂完全润湿摩擦副表面后，摩擦副表面之间存在稳定的润滑薄膜，有利于形成混合润滑和流体润滑，从而起到明显的减摩抗磨效果。而对于固-液界面，降低表面润湿性，减小固-液界面分子相互作用，可以有效减小固-液界面摩擦阻力，特别是当流体完全不能润湿固体表面（即超疏水状态）时，固-液界面由于存在空气层，摩擦阻力大幅度降低。

（三）发展趋势

仿生润滑材料未来十年发展趋势如下。

1. 固-液界面减阻方面

疏水界面减阻的本质是固-液弱分子相互作用加大了壁面滑移，最理想的情况是创造高气体分数的表面，将固-液界面摩擦转换为固-气界面摩擦，从而明显降低界面摩擦阻力，这也是设计新型仿生减阻材料的理论准则。对于传统的仿生超疏水材料，储存在微纳结构中的气体很难抵抗高速剪切条件下水压的连续冲击，故气体发生排逸，导致减阻失效。未来的仿生减阻材料发展将聚焦于如何获得稳定的气膜上，可以利用微结构封存，也可以原位产生气膜。研究需要在减阻效果、耐久性、可行性等方面获得平衡，需要针对特定的工况选定可行的气膜产生方案。例如，2017 年麻省理工学院的研究人员利用低温 Leidenfrost 效应原位产生气膜，并获得了 80% 以上的减阻效果；中国科学院兰州化学物理研究所与西北工业大学和帝国理工学院合作利用图案化润湿表面封存稳定气环实现 77% 的减阻效果，在这一领域获得重要突破。

2. 固-固界面润滑方面

（1）仿生关节材料。动物体关节是一个高效的润滑系统，通过传统的硬对硬的设计来实现人工关节的低摩擦几乎不大现实，而且这种努力已经进行了 30 多年，并未有太多的改进，因此仿生关节材料远没有达到天然关节润滑的水平。从摩擦学角度来说，关节润滑的微观和动态机理还不清楚，关节液、关节软骨膜的协同作用，以及动态变载条件下润滑状态的转变尚不清楚。从材料科学角度来说，仿生关节材料呈现材料单一、测试条件简化的缺点。而天然的关节软骨是典型的固-液两相材料，是一种黏弹性材料，具有低的瞬时弹性模量、抗压特性及应力分散特征。未来人工关节软骨材料的高承载、低摩擦性能应该通过人工关节的弹性流体润滑机制来实现，这可以通过选择类似天然关节软骨弹性的低弹性模量材料来获得。新型仿生关节润滑材料系统的构建应考虑关节液的组分、关节软骨材料组成和结构的构建及两者的协同作用机制，并充分考虑层状梯度各向异性等特征。

（2）介入型仿生润滑材料。随着医疗水平的提高，未来十年，介入型器械材料及相关技术将成为医疗领域的关注点。其中，介入型仿生润滑材料需求量将增大，如润滑导管、润滑导丝及润滑套，研发新型仿生润滑改性技术将成为该领域的前沿性课题。

（3）植入型仿生耐磨材料。未来应进一步模仿和研究自然界中具有优异抗磨机制的材料（如贝壳及动物牙齿），获得植入型抗磨材料设计的理论准则，以此为指导开发高性能医用植入材料，主要包括牙齿仿生材料和内固定骨黏结材料。其中，西南交通大学周仲荣团队在牙齿仿生材料领域做了一系列原创性研究工作，未来有望进行应用推广。

在获得对自然界优越“润”“滑”机制的基本认识基础上，人们将通过仿生学设计手段，开发出一系列的功能润滑涂层材料，包括疏水的自清洁涂层、减阻涂层、防冰涂层、防腐涂层、防润滑油爬行涂层等，以及亲水的防海洋污染涂层、生物润滑涂层、仿生抗磨涂层、防雾涂层等，这些材料不一定完美地仿生，但基础研究带来材料功能的进步，足以体现润滑研究的意义。

三、优先支持研究方向

根据我国仿生润滑材料的应用需求和发展趋势，建议优先开展以下方面研究。

1. 微结构封存气膜的创新设计思路

通过对材料表面微结构的特殊设计，降低高剪切模式下液压对束缚在微纳结构中气泡的排逸程度，提出水下大尺度气膜稳定化封存方法，提高液体在固体表面边界滑移效率，从而实现稳定的减阻效果。

2. 原位产生气膜减阻的新设计方法

通过化学和物理手段，在材料表面构建原位气膜生成系统，实时阻隔液体和固体表面的接触，将固-液界面摩擦高效转化为气-固界面摩擦，稳定液-气-固三相界面，降低航行体前进阻力，研发具有我国自主知识产权的原位产生气膜减阻技术。

3. 仿生抗结冰 / 除冰关键技术

在认识疏水防冰及超滑除冰原理的基础上，研发具有我国自主知识产权的仿生抗结冰 / 除冰技术。

4. 关节润滑的机理

进一步加强天然关节系统在动态承载状况下的润滑机制研究，发掘理论模拟、原位观测及实测数据之间的关系规律，为设计高性能的人工关节软骨材料提供数据和理论指导。特别是从微尺度揭示关节润滑液与关节软骨的协同作用机制。

5. 仿生润滑剂的设计

仿生天然关节软骨表面糖基生物大分子润滑剂结构，模拟其优异的水润滑机制，合成新型可替代人工关节润滑剂，减少临床上对天然提取润滑剂（如透明质酸钠）的依赖。

6. 关节软骨的仿生设计与材料制备

模拟天然关节软骨特殊的形态结构，围绕高承载、低摩擦及抗磨损性能指标，通过软硬复合策略和软垫支撑理念，从结构、材料和功能三个方面提出人工关节软骨的仿生学设计准则。

7. 介入型医疗器件表面润滑改性关键技术

发展医疗器械表面修饰水润滑涂层的新方法和技术，用于取代传统的润滑液技术。

8. 植入型仿生耐磨材料的制备

研究天然耐磨材料的机制，通过仿生学设计理念，从结构、材料和功能三个方面提出仿生牙齿耐磨材料及内固定材料的设计准则。然后逐步实现产品化制备。

第十三节 聚合物基润滑材料

一、概述

聚合物材料具有低摩擦系数和中等磨损率，是一类具有自润滑性能的材料，作为固体润滑材料广泛应用于相关行业，包括日常生活、汽车、电子、机械、航空和生物医学等领域。聚合物基润滑材料与金属基润滑材料、陶瓷润滑材料构成固体润滑材料的三大类。聚合物基润滑材料按照基体材料可以分为树脂聚合物基润滑材料和橡胶聚合物基润滑材料两大类。

二、发展现状与科学问题

（一）发展现状

1. 树脂聚合物基润滑材料

树脂聚合物基润滑材料是合成的高分子化合物，模量高于橡胶。近年来，这方面的主要研究对象包括聚四氟乙烯、聚酰亚胺、聚酰胺、聚醚醚酮、聚烯烃、环氧树脂、酚醛树脂、聚甲醛、聚碳酸酯、含硫树脂（聚苯硫醚、聚砜树脂和聚芳醚砜酮），以及基体材料的改性等。

（1）聚四氟乙烯。聚四氟乙烯（polytetrafluoroethylene，PTFE）是碳、氟原子以共价键相结合形成的完全对称的直链型高分子。相邻的—CF_2—单元形成一个螺旋形的扭曲链。这种螺旋形结构使分子链骨架结构形成了一个保护层，增强了分子链的热安定性、耐腐蚀性、化学惰性和物理性能，降低了分子的表面能和材料表面的摩擦系数。国内外的研究表明，PTFE 容易形成转移膜并且能够在继续的摩擦过程中降低剪切力、减小摩擦系数，从而提高抗磨性能，广泛用作固体润滑剂。但是由于 PTFE 的耐磨损性能差、硬度低、抗蠕变性能和热传导性能差，其应用范围受到一定的限制。为了充分发挥 PTFE 材料的性能和应用价值，国内研究者致力于提高材料的抗磨性和力学性能。填充改性是既有效又方便的方法，通过添加各种填料（如碳纤维、玻璃纤维、碳纳米管等）及聚合物共混的方法对 PTFE 进行改性，能够有效提高复合材料的力学性能。在材料应用方面，特别是 PTFE 应用于苛刻条件下的密封润滑材料，目前国内还主要在基础研究阶段，相关产品仍然被国外企业［如圣戈班（Saint-Gobain）集团、特瑞堡（Trelleborg）集团等］系列产品所垄断。中国科学院兰州化学物理研究所在此类材料的研究方面做了大量应用基础研究工作。

（2）聚酰亚胺。聚酰亚胺（polyimide，PI）是一类具有重复酰亚胺键的有机高分子，其中以含有酞酰亚胺结构的聚合物最重要。芳香聚酰亚胺分子主链主要由芳环和酰亚胺环组成，因而具有优异的热安定性和力学性能。PI 的特殊梯形结构使其在真空环境中的摩擦磨损性能优于 PTFE，在与金属摩擦时，可以自发地形成转移膜，表现出自润滑性能。同时 PI 具有抗辐射、耐大多数化学试剂和溶剂等优点，在摩擦学领域具有广泛的应用前景。国内外的研究表明，PI 的摩擦行为对湿度比较敏感，相对于在潮湿环境下，在湿度较低的干燥或惰性环境中摩擦磨损由高到低转变发生得较早；PI 用于苛刻环境下的空间材料时，其润滑性能反而优于其用于大气环境。虽然 PI 具有耐磨性，但是降低其磨损率仍有较大的空间，可以通过添加填料实现。PI 作为一种具有优异润滑抗磨损性能的高分子材料，在摩擦学领域具有潜在的应用前景。但是，在发展了半个世纪之后其仍未成为一个更大的品种，主要是由于成本太高。目前 PI 的国外生产厂家主要集中在美国和日本。

（3）聚醚醚酮。聚醚醚酮（polyetheretherketone，PEEK）最早是由英国帝国化学工业（Imperial Chemical Industries，ICI）公司在 1977 年开发成功的一种半结晶性芳香族高分子化合物。其大分子主链上含有大量的芳环、醚键和极性酮基，因此具有良好的力学性能、热安定性及耐化学腐蚀性，是一种优良的低摩擦、耐磨损材料。目前国内外的学者主要通过对磨痕和磨屑的观察研究来揭示 PEEK 的摩擦学行为，但其影响因素非常复杂。当前高技术工业的发展对所用材料的性能提出了更高的要求，单纯的 PEEK 已经不能很好地满足实际需求。因此，对 PEEK 进行改性成为研究热点。近年来，研究者采用多种方法对PEEK改性以期提高其摩擦学性能，主要包括纳米颗粒、纤维、晶须的填充，与其他聚合物进行共混改性，等离子体改性等。改性的PEEK复合材料能够显著提高摩擦学性能，并已经成功应用于航空航天等众多领域。未来的研究工作应聚焦于苛刻环境条件下材料的磨损机制及其延寿原理与方法。

（4）超高分子量聚乙烯。超高分子量聚乙烯（ultra-high molecular weight polyethylene, UHMWPE）的相对分子质量一般在10^6以上，比聚乙烯（polyethylene, PE）高两个数量级，具有PE所不具有的优异性能。UHMWPE具有摩擦系数小、耐磨性好、自润滑、耐冲击、机械强度高的特点，用于减摩耐磨材料方面的研究较多。同时该材料的表面张力较小、生理惰性优异，可以广泛应用于人工关节的自润滑材料。

（5）环氧树脂。环氧树脂是具有优异机械强度和耐热、耐候性能的热固性树脂。由于它的脆性和耐磨性能较差，有关环氧树脂的改性得到了广泛的重视和研究。无机填料（特别是纳米无机粒子）与环氧树脂有较强的相互作用，可以进一步提高环氧树脂的强度和硬度，从而改善环氧树脂的摩擦学性能。加入有机改性剂后在改善环氧树脂韧性的同时，有机改性剂通常以聚合物粒子的形式分散于环氧树脂基体中，且易于在摩擦界面上产生塑性变形，并形成转移膜，从而显著降低复合材料的摩擦系数。

（6）聚苯硫醚。聚苯硫醚（polyphenylene sulfide，PPS）最早是由美国菲利普斯石油公司（Phillips Petroleum Company）开发并投入生产的一种高性能工程塑料。它是以苯环在对位上连接硫原子形成的大分子刚性主链，聚合物结晶度较高。而且通过调节烧结温度，可以获得线型PPS、支链型PPS、交联型PPS。PPS的结构特性使其拥有优异性能，如具有优良的耐热性、耐腐蚀性、阻燃性能、尺寸安定性，以及优良的自润滑性和耐磨性，广泛用于电子电器、航空航天、汽车制造等行业中。

对于酚醛树脂、聚酰胺、聚甲醛等树脂在工程摩擦学领域的应用，目前国内外的研究主要集中在性能的提升方面。总体而言，国内在基础理论研究和规模化生产方面仍然与国外存在较大差距。

2. 橡胶聚合物基润滑材料

作为一种弹性的高分子化合物，橡胶是国民经济和国防工业及人民生活中不可或缺的重要工业原料。在摩擦学领域，橡胶具有非常重要的地位，橡胶及其复合材料广泛用作密封件、垫片、活塞环、轴承等摩擦元件。弹性体材料的黏弹性导致橡胶在摩擦机理上与金属和塑料存在本质的区别，从而导致橡胶的磨损形式与其他材料有很大不同。当橡胶与硬质表面发生相对滑动时，橡胶磨损表面一般都能形成间距相等、高度相同的山脊状突起，这种突起的方向与摩擦方向垂直，形成明显的磨损花纹。橡胶的摩擦磨损性能是橡胶制品的一项重要的性能指标，不仅能够满足日益增长的材料高性能化的需要，也能满足市场对特殊工况下特种橡胶制品的需要。而且通过橡胶摩擦磨损性能的提高，也可以间接地延长材料及设备的使用寿命，可以在降低成本、节约能源等方面带来可观的经济效益和社会效益。因此，橡胶聚合物基润滑材料的研究具有广泛的基础性和应用性。氟橡胶以聚烯烃类氟橡胶、亚硝基类氟橡胶及用过氧化物硫化的GH型、GLT型为主要产品，具有耐油、耐热、耐老化、耐磨损等优异性能，广泛应用于苛刻条件下的密封件、摩擦元件等。随着科学技术的进步和应用领域对氟橡胶性能要求的提高，国外正在通过改变聚合单体不断开发新产品，主要包括氟硅橡胶、氟醚橡胶、含氟热塑性弹性体、含氟醚杂链的含氟硅弹性体等。目前全球氟橡胶生产能力达到每年4万t以上，主要生产国为美国、德国、意大利等。

（二）发展趋势

1. 树脂聚合物基润滑材料

树脂聚合物基润滑材料的发展趋势是通过分子结构设计、侧链化技术及复合改性技术开发适合不同苛刻环境的润滑材料，主要是针对特殊的应用领域（如高温、油气环境、高压、离子、电子辐射、空间环境等），研发具有特殊功能的系列化产品，满足国内经济发展和国防工业的需求。树脂聚合物基润滑材料研究的关键科学问题包括：①聚合物基润滑材料用树脂新单体的分子结构设计与聚合物合成结构调控；②树脂聚合物基润滑材料中的填料、改性剂与树脂基体间的界面设计，界面损伤破坏过程与材料性能的关系；③不同基体材料、摩擦条件和外部环境下的摩擦性能及磨损机制；④改性剂与树脂基体的杂化共混改性、填料的表面处理及表征测试方法。

2. 橡胶聚合物基润滑材料

橡胶聚合物基润滑材料的发展趋势是在传统橡胶研究的基础上，开发新的聚合物体系或交联体系，引入对橡胶安定性、润滑性能有益的元素以增加橡胶的耐热、耐化学品及润滑性能，满足苛刻环境条件下润滑密封元件的应用需求。其关键科学问题如下：①分子结构和微观形态可控的橡胶聚合物基润滑材料的制备技术；②橡胶聚合物基润滑材料的交联机制、相容性及安定性；③橡胶聚合物基润滑材料的共混改性，填料协同效应、纤维增强与性能关系；④橡胶聚合物基润滑材料的摩擦磨损机制。

三、优先支持研究方向

优先支持研究方向如下。

（1）PTFE 树脂新改性体系的研发，结构可控和相对分子质量分布可控的高耐热、耐辐射空间环境的 PI 合成工艺研究及规模化生产技术开发；对 PEEK 及其复合材料摩擦机理的深入研究，探索树脂基体改性新途径。

（2）树脂聚合物基润滑材料新品种、新成型工艺研究。

（3）通过分子结构设计、新合成工艺路线制备新型橡胶聚合物基润滑材料；橡胶聚合物基润滑材料的交联技术、润滑增强技术及相关的基础科学问题研究；耐高温、良好润滑、耐磨损的新型氟橡胶的合成及规模化生产工艺研究。

（4）橡胶聚合物基润滑材料的共混改性研究。

第十四节　金属基润滑材料

一、概述

金属基润滑材料是以金属合金为基体组元，加入润滑剂组元和一些辅助组元，按照一定的组成原则，经过特定工艺制备而成的具有良好强度和自润滑性能的材料。该类材料兼有基体组元的力学性能和润滑剂组元的润滑耐磨特性，可以根据工况要求来设计材料组成。一方面，其具有较高的强度和硬度，可以提高接触摩擦副的耐磨损性能；另一方面，其具有固体润滑的效果，在摩擦副之间形成固体润滑转移膜，减小摩擦副的摩擦系数和稳定摩擦功耗，从而实现润滑的目的。鉴于其综合性能优异，金属基润滑材料适合在不同的大气环境、化学环境、电气环境、高温、低温、真空、辐射等特殊工况下服役。

二、发展现状与科学问题

（一）分类发展状况

按基体材料的种类，金属基润滑材料可以分为软金属基润滑材料、轻金属基润滑材料、铜基润滑材料、铁基润滑材料和镍基润滑材料。

1. 软金属基润滑材料

铅基和锡基巴氏合金为低熔点合金，具有优良的抗咬合性、嵌藏性、顺应性和耐腐蚀性等，是国内外应用较成熟的低承载轴承材料。银基和金基润滑材料具有低摩擦磨损、低接触电阻、低接触噪声等优点，已在航天和电子等领域获得成功应用，如银基电刷材料、离子镀金润滑的谐波齿轮、金基润滑集电环等。中国科学院兰州化学物理研究所、中国航天科技集团有限公司、中国空间技术研究院等开展了空间导电润滑材料的研究工作，但所研制的空间电接触组件用金基润滑薄膜的电学性能和摩擦学性能与美国及欧洲的材料还有一定差距。

2. 轻金属基润滑材料

镁、铝、钛合金由于具有密度低、比强度高等优点，在航空、航天、汽车、船舶等领域获得了广泛应用。但是轻合金由于摩擦系数大、磨损率高、润滑困难而限制了其在摩擦学领域的应用。在轻合金基体中，添加陶瓷相可以获得轻金属基耐磨材料，而添加固体润滑剂可以制备轻金属基润滑材料。目前国内外的研究多集中于通过表面工程技术和陶瓷相增强来制备轻金属基耐磨材料，而对轻金属基润滑材料关注较少。

3. 铜基润滑材料

铜基润滑材料不仅强度高，而且具有良好的导电性、导热性和耐腐蚀性，是滑动轴承、摩擦集电装置、摩擦制动装置的重要材料。锡（铅）青铜基润滑材料是国内外研究最广泛的铜基润滑材料，具有优异的耐腐蚀及磨合性等，特别是以粉末冶金方法制备的含油锡青铜-石墨润滑材料，其制作的轴承在贫油或无油润滑条件下与对偶件磨合性好、摩擦系数低、无油污染。铜基润滑材料在弓网集电装置中应用普遍，中国铁道科学研究院集团有限公司、中南大学、中国科学院兰州化学物理研究所、河南科技大学、北京交通大学等开展了铜基受电弓滑板材料的研究工作。美国、欧洲、日本研制的铜基受电弓滑板材料性能优于国内产品，目前高性能铜基受电弓滑板材料主要依赖进口。铜基摩擦材料在摩擦制动领域得到广泛应用，国内研制的铜基摩擦材料主要应用于陆地交通、风电机组等领域，但与国外产品相比，国内产品性能仍有较大的提升空间。铜基润滑轴承用量大、应用广，但是高端产品几乎完全依赖进口。

4. 铁基润滑材料

铁基润滑材料具有独特的热处理性能、高性价比等优点。低廉的成本使其具有实际生产意义和市场潜力。目前，铁基润滑材料的研究主要集中在固体润滑剂的复配性、抗磨损相的相容性、工艺参数的优化等方面。采用铁基润滑材料制备的粉末冶金含油轴承、烧结钢金属塑料、粉末冶金摩擦材料等在工业领域已经得到广泛应用，但高端铁基润滑材料产品仍然落后于发达国家。

5. 镍基润滑材料

镍基润滑材料是金属基润滑材料研究的重点，研究工作集中在高温润滑耐磨材料，主要应用于航空航天、能源及机械制造等领域。镍基润滑材料最具代表性的工作为美国国家航空航天局研制的 PS/PM 系列高温润滑材料。美国国家航空航天局率先于 20 世纪 70 年代开发了高温镍基润滑材料，从最初的 PS/PM100 系列高温润滑材料发展到 PS/PM212 高温润滑材料，实现了室温到 900℃的连续润滑，解决了斯特林发动机的润滑问题；随后开发了 PS/PM300 系列高温润滑材料，成功应用于空气箔片轴承；2009 年报道了第四代高温润滑材料 PS400 系列涂层。近年来，国内相关科研机构和高等院校在镍基高温润滑材料方面做出了各具特色的研究工作，但基础研究和应用研究仍落后于美国。中国科学院兰州化学物理研究所系统开展了高温润滑材料的研究工作，提出了高强度镍基润滑材料的理念，制备了一系列的镍基高温润滑材料。例如，高强度的镍基高温润滑复合材料（室温拉伸强度为 500 MPa，压缩强度超过 1500 MPa；室温至 800℃，摩擦系数低于 0.25），从室温到 1000℃的摩擦系数低于 0.35 的镍铝金属间化合物基宽温域润滑复合材料，在 1000℃高温下能够牢固结合的 NiMoAl 基高温润滑涂层等。国内其他院校和研究所也开展了高温润滑材料的相关研究，取得了一些较好的研究结果，如西安交通大学的仿 PS304 润滑材料、南京理工大学的镍基润滑材料、武汉理工大学的镍铝基润滑材料等。

（二）总体发展现状

总体而言，我国在金属基润滑材料研究方面取得了一定的成绩，开发了一些金属基润滑材料产品，满足了某些领域的初步需要，但高性能金属基润滑材料仍然匮乏。就整体水平而言，无论基础研究还是应用开发，与发达国家仍然存在较大差距。在高温、高速、重载等苛刻条件下，高性能金属基润滑材料成为影响航空航天、陆地交通、机械制造、海工装备、能源等领域中传动部件运转精度、安定性、可靠性和使用寿命的关键材料。金属基润滑材料的发展趋势在于通过成分设计、结构调控、工艺优化研发出高性能的金属基润滑材料，满足机械系统在特殊工况下（高温、高速、重载、真空、载流、腐蚀、辐射等）的使役性能要求。金属基润滑材料研究包括的关键科学问题如下：①低摩擦高耐磨金属基润滑材料的设计与制备；②特殊工况下金属基润滑材料的摩擦学行为规律；③高可靠、长寿命金属基润滑材料与技术。

三、优先支持研究方向

优先支持研究方向如下。

（1）结构与功能一体化金属基润滑材料的设计与制备方法。

（2）苛刻工况下金属基润滑材料的结构演变与润滑性能的关系规律。

（3）多因素耦合作用下金属基润滑材料的磨损失效机制与延寿原理和方法。

（4）金属基润滑材料使役行为的基础研究。

第十五节　陶瓷基润滑材料

一、概述

陶瓷基润滑材料除具有使用温度范围宽、低摩擦、抗污染、高承载等一般固体润滑材料的特点外，同时具有低密度、理想的结构、优异的化学安定性和热安定性及较长的使用寿命等优点，可以实现超高温、强腐蚀等特殊工况中的有效润滑，在苛刻工况环境和高技术领域具有重要的应用价值。

二、发展现状与科学问题

近年来，我国陶瓷基润滑材料取得了一定的发展，在材料研究和工程应用方面已经有较好的基础，解决了一些苛刻工业环境和高技术领域的润滑技术难题，已经初步建立了研究陶瓷基润滑材料的平台，为进一步发展奠定了良好的基础。但相关领域研究队伍较小，产品技术结构和水平尚处于基础理论研究初级阶段，在产业化方面还主要依靠进口。下面，先介绍该领域主要品类未来发展趋势和待解决科学问题。

1. 纳米复合陶瓷基润滑材料

纳米复合陶瓷基润滑材料是陶瓷基润滑材料的重要组成部分，是材料学科的重要分支，也是纳米复合陶瓷研究中的一个重要领域。国内外科学研究和应用开发基础的发展趋势如下。

（1）纳米复合陶瓷基润滑材料的设计与制备。纳米复合陶瓷基润滑材料的制备主要包括纳米粉体的制备和烧结致密化过程。而纳米粉体粒径小，比表面积大，界面原子多，存在大量的悬键和不饱和键，使得纳米颗粒具有较高的化学活性，极易团聚形成带有若干弱连接界面的尺寸较大的团聚体。由于纳米粉末具有高活性，在烧结过程中晶界扩散非常快，既有利于达到高致密化又极易发生晶粒快速生长，最终显微结构中晶粒仍要保持在纳米尺度是十分困难的。因此，在烧结过程中将微结构控制在纳米量级始终是材料科学研究的主要内容之一。

（2）纳米复合陶瓷基润滑材料的摩擦磨损机理。纳米复合陶瓷材料由于晶粒细化，晶界数量大幅度增加，比一般复合陶瓷材料具有更优异的力学性能，特别是高温力学性能。具有优异的力学性能和超塑性的纳米复合陶瓷材料，可用来制备耐高温陶瓷发动机及其零部件和各种精密陶瓷零件，从而使陶瓷材料的大规模使用成为可能。随着纳米复合陶瓷材料研究的不断深入及应用的逐步扩大，开展纳米复合陶瓷材料摩擦学性能的研究，弄清其摩擦磨损机理就显得十分必要。

（3）高精度纳米复合陶瓷件精密成型技术。纳米复合陶瓷材料的烧结致密是提高材料性能、排除材料内部气孔的过程，会在陶瓷材料成型过程中产生体积的收缩。机械零部件的精度是影响机械系统安全、稳定、高效运行的关键。然而，陶瓷材料的精密成型工艺一直是制约陶瓷材料实际应用的关键。现代高端装备中的机械零件形状越来越复杂、精度越来越高，并且纳米复合陶瓷基润滑材料涉及多组分等特点，使得陶瓷材料的高精度成型成为一个艰难而又必须解决的科学问题。目前，虽然已经发展了多种近净成型技术，如高温塑性成型、3D 打印成型等，但其制备工艺还需进一步探索。

（4）纳米复合陶瓷基润滑材料的环境适应性。陶瓷材料的纳米化将赋予陶瓷材料诸多不同于传统块体材料的特殊性质，这必然使其物理和化学性质发生变化。随着现代工业和高技术的发展，润滑材料所涉及的应用工况复杂而苛刻，而纳米复合陶瓷在这些复杂交互环境下的安定性、性能退化机制、环境作用机理尚不明确。为获得高性能、高可靠极端环境用纳米复合陶瓷基润滑材料，就需要针对其应用环境对材料自身的性能进行研究。

2. 高韧性仿生结构陶瓷基润滑材料

陶瓷基润滑材料由于其本征脆性和摩擦学设计所带来的力学性能下降，显著降低了陶瓷基润滑材料的使用安定性和抗裂纹破坏能力。陶瓷基润滑材料的仿生结构设计，从很大程度上可以改善陶瓷基润滑材料的脆性本质，解决陶瓷材料润滑性能和力学性能之间的矛盾，为陶瓷基润滑材料的强韧化提供了一条崭新的研究和设计思路。近期的研究主要覆盖以下三个方面。

（1）陶瓷基润滑材料的仿生结构设计。自然界中的生物材料（如贝壳珍珠层、牙齿、竹木等）由于具有独特的天然结构（简单组分、复杂结构）、优异的抗断裂性能而广泛地用于模仿改善陶瓷材料的脆性问题，提升陶瓷材料的力学性能和可靠性。将这些生物结构引入陶瓷基润滑材料中，可以使其兼具优异的力学性能和自润滑性能，展现出良好的应用前景。

（2）仿生结构陶瓷基润滑材料的成型与制备。仿生结构陶瓷基润滑材料成型方法是复制仿生结构的关键。由于生物材料在宏 / 微观结构上具有复杂性，给材料成型带来巨大的挑战。目前，研究人员先从宏观简单的层状结构入手，发展了一系列成型方法，如流延成型、铺层工艺、冰模板法及磁场诱导法等。研究高效、环境友好及宏 / 微观结构可控的制备方法已经成为该领域研究人员和相关产业的发展目标。

（3）仿生结构陶瓷基润滑材料的性能调控。仿生结构之所以能够提升材料的性能，是因为这种多级次结构中的界面效应能够引入更多的外部增韧机制。因此在仿生结构润滑材料中，界面组分和结构的设计与制备起到至关重要的作用。界面与基体的相容程度、结构精细复杂程度、界面的纹理走向都将影响仿生结构陶瓷基润滑材料的性能。这也将是未来几年仿生结构陶瓷基润滑材料的研究方向。

3. 自修复陶瓷基润滑材料

苛刻环境中，陶瓷基润滑材料的使用工况涉及高 / 低温、振动、冲击等环境条件。随着服役时间的延长，陶瓷基润滑材料不断疲劳，疲劳裂纹的扩展可能会导致材料突然失效。发展自修复陶瓷基润滑材料不仅可以提高材料服役安全安定性，而且可以延长材料的使用寿命。主要研究如下。

（1）表面磨损自修复与表面再生技术。陶瓷基润滑材料摩擦面润滑膜的连续性直接影响材料摩擦系数的安定性和耐磨性。结合润滑材料使用的环境，在陶瓷材料或使用环境中添加某些自修复材料，当摩擦副在一定温度、压力、速度等条件下，自修复材料会迅速向摩擦表面渗透，并发生化学反应，生成一定的化合物。这种化合物会随反应的不断进行而逐渐加厚，达到对材料磨损表面的自修复与表面再生。发展表面磨损自修复与表面再生技术对提高陶瓷基润滑材料的服役安定性和延长其寿命具有重要意义。

（2）陶瓷基体自修复材料。陶瓷材料在苛刻环境中服役时，随着服役时间的延长，陶瓷材料内部原有裂纹缺陷或萌生裂纹缺陷会进一步扩展，甚至导致材料失效。在陶瓷基体中加入单一或多种具有特殊性质的组分，随着裂纹的扩展，这些特殊组分在陶瓷材料中释放而相互接触，一定环境下这些特殊组分会发生物理、化学反应，连接材料裂纹萌生部位，进而起到防止裂纹进一步扩展的作用。目前，这些修复材料主要是高分子材料，但是陶瓷基润滑材料的应用往往涉及高温、腐蚀环境，还需发展在某些极端环境工况下的可修复陶瓷基润滑材料以满足我国科技发展的需求。

（3）基于纳米和仿生结构设计的自修复陶瓷基润滑材料。自修复陶瓷基润滑材料的发展将显著改善润滑材料的使用可靠性问题。结合纳米复合陶瓷、高韧性仿生结构陶瓷的诸多优点来设计具有高安定性、高可靠性、自修复的陶瓷基润滑材料已成为研发难更换陶瓷基润滑部件的目标。

概括而言，陶瓷基润滑材料领域需要解决的关键科学问题如下。

（1）极端服役环境下高可靠长寿命陶瓷基润滑材料的构建；极端环境下材料的磨损失效机理、宏/微观结构设计和调控原理；基于服役行为和失效机理的材料逆向设计方法。

（2）纳米复合陶瓷基润滑材料在极端环境下的摩擦学行为与失效机理；纳米尺度下表面特性对材料摩擦磨损性能的影响规律及作用机制；高致密纳米复合陶瓷基润滑材料制备的关键技术。

（3）自修复陶瓷基润滑材料的性能调控和自修复机理。基于特定环境下材料的自修复方式和机制，探索自修复陶瓷基润滑材料的性能调控原理和智能制造的关键技术。

（4）高性能陶瓷基润滑材料高效精密制造关键技术。复杂形状高性能陶瓷基润滑材料的精密成型、高温烧结过程精确控制、高精度高效率后续加工等关键技术。

（5）极端服役环境下陶瓷基润滑材料的可靠性控制及寿命评估。基于材料服役行为和数据挖掘的可靠性控制技术；基于材料服役行为的实验研究、高通量多尺度计算模拟和数据挖掘，建立材料失效评估和寿命预测模型与评价技术。

三、优先支持研究方向

建议的优先支持研究方向如下。

（1）苛刻环境条件下应用的陶瓷基润滑材料的仿生设计与可控制备技术研究；探索材料成分、宏 / 微观结构与摩擦磨损性能之间的关系规律。

（2）界面特性对高韧性仿生结构陶瓷基润滑材料综合性能（力学性能、摩擦学性能、高温抗蠕变能力、极端环境下性能退化率和可靠性）的影响规律研究。

（3）高性能纳米复合陶瓷基润滑材料结构设计与制备；探究不同层次纳米结构与材料性能之间的关系。

（4）磨损或裂纹自修复陶瓷基润滑材料的设计与自修复性能研究；材料的性能调控原理、环境适应性和智能制造技术研究。

（5）陶瓷基润滑材料与金属构件的高可靠连接技术研究。

（6）陶瓷基润滑材料在不同环境下的摩擦磨损行为规律、失效和性能退化机理研究。

（7）陶瓷基润滑材料及构件微观缺陷的评价与预测方法研究；陶瓷基润滑材料服役性能评价及应用技术；极端服役环境下陶瓷基润滑材料及构件的失效仿真模拟与寿命预测研究。

第十六节 固体润滑涂层

一、概述

随着航空航天及现代机械工业的发展，许多苛刻环境和工况条件已经超越了润滑油脂的使用极限，摩擦学研究的重点也从传统流体润滑向摩擦学新材料与表面工程转变，固体润滑涂层的研究日益受到重视。固体润滑涂层着眼于材料的表面性质，通过各种表面工程技术对材料表面的组成和结构进行再设计与制造，赋予材料表面特殊的润滑、耐磨和防护性能，是解决材料摩擦、磨损和润滑问题的最有效、最经济的途径。同时，固体润滑涂层以其优越的性能在解决高温、高负荷、超低温、高真空、强辐照、腐蚀性介质等特殊及苛刻环境工况下的摩擦、磨损、润滑、防护、动密封问题方面发挥了其他材料不可替代的重要作用，广泛应用于航空航天、海洋、核技术、电子、汽车、能源、石油化工等军工高技术领域和民用机械工业领域，取得了显著的经济效益和社会效益。

二、发展现状与科学问题

（一）发展现状

近年来，纳米材料技术和表面工程技术迅速发展，带来了新的润滑材料体系、新的设计理念和新的制备工艺，固体润滑涂层在材料体系、结构设计和制备工艺等方面也取得了较大的发展。

随着表面工程新原理、新技术、新装备的不断涌现，国外在利用新原理、新方法的表面工程技术研发及表面工程技术工程化和产业化方面发展很快。例如，美国国家航空航天局于2010年联合Sulzer Metco公司开发了一种新型等离子喷涂-物理气相沉积涂层制备技术，将等离子体喷涂和物理气相沉积技术相结合，用于解决热喷涂涂层厚度、精度、均匀性等问题。在黏结润滑涂层方面，国外已经开始采用先进的丝网印刷、机器人喷涂等制备技术方法。在物理气相沉积 / 化学气相沉积方面，最新的高功率脉冲放电溅射技术、闭合场磁控溅射技术等已经成功应用，使材料的性能得到了显著提升。例如，利用先进的闭合场磁控溅射发展了Ti复合的MoS_2基涂层，滑动寿命可达10^7转，无论在真空还是大气环境中都具有极低的摩擦系数，成为目前MoS_2基涂层中的佼佼者。

（二）发展趋势

固体润滑涂层作为航空航天高技术领域和民用机械工业领域不可或缺的材料，在保障系统装备可靠性、安定性和长寿命方面发挥了重要作用。结合国内外发展情况，固体润滑涂层总的发展趋势是：新型润滑涂层不断研发，性能不断提升，功能不断拓展；涂层成分趋于多元化和复合化，结构趋于纳米化和精细化；工艺技术不断创新，生产过程更加绿色环保。

1. 新型润滑材料体系不断研发

作为石墨纳米化的衍生物，富勒烯、碳纳米管及石墨烯不仅继承了石墨优异的摩擦学性能，而且表现出独特的物理学、化学、电学等性能。近年来，研究者发现多壁碳纳米管在宏观尺度下可以实现超滑（超低摩擦）。在富勒烯结构方面，通过富勒烯与石墨烯夹层设计，同样可以实现超润滑状态。通过富勒烯结构二硫化钼的设计，闭合了层状结构，阻止了水分子在层间的吸附，获得了二硫化钼在湿润大气环境下的宏观超润滑性能，解决了其吸潮性能退化的问题。由于石墨烯二维结构面上具有强大的离域 π 键作用，二维的石墨烯薄片可以在 π—π 作用下自发形成定向排列的层状结构，在超高真空环境与宏观接触状态下展现出超低的摩擦系数和超长寿命。石墨烯具有优异的导电导热特性，将为发展新型超低摩擦、导电导热一体化空间润滑涂层提供新途径。

2. 涂层成分和结构优化设计

固体润滑涂层的结构经历了最初的单组分涂层到多组分、多层涂层的结构历程，目前正朝着超晶格涂层、梯度涂层、智能涂层的方向发展。多种组分之间合理的匹配和组合，可以获得许多优异的综合性能，如低摩擦系数、协调基体与涂层间的机械和化学特性、控制涂层与基体间的残余应力、提高硬度和韧性等。纳米涂层是将涂层的结构或组分控制在纳米级尺度，包括纳米多层梯度涂层（如超晶格涂层）和纳米复合涂层。纳米多层梯度涂层由两种或两种以上材料逐层周期性层叠而成，层厚可达几十微米，若将各层厚度控制在纳米级范围内，即超晶格涂层。纳米复合涂层是指在涂层的基本组元中添加纳米粒子，形成至少一相含有纳米尺寸材料的复合涂层体系。纳米结构使涂层具有多种性能，如超硬度、超韧性、超低摩擦、环境适应性（智能）、高热导率及其他性能，致密的涂层结构明显提高了硬度、断裂韧性、黏结强度和抗疲劳等性能。纳米涂层已经成为涂层领域十分活跃的分支。智能涂层近年来发展较快。它是指涂层能够随着应用条件或者外在环境的改变而变化，以满足特殊环境条件下的使用要求，包括环境自适应涂层和磨损自修复涂层。目前发展较快的磨损自修复涂层主要是基于微胶囊技术的磨损自修复涂层，是在固体或液体颗粒表面包覆一层性能稳定的高分子膜形成具有核壳结构的复合材料，将自修复微胶囊埋植于基体中，在基体产生微裂纹后，微胶囊受外力作用破裂释放出芯材，充满裂纹处发生反应完成自修复过程。针对航天工程中应用广泛的有机硅粘接涂层在强烈的原子氧侵蚀下也存在自修复的问题，西北工业大学设计了一种以高沸点反应性有机硅系列物质作为囊芯、聚脲甲醛树脂为囊壁的微胶囊，利用高沸点有机硅分子链上的乙烯基的反应活性，添加一些光敏剂，使其在受到外力破坏时，囊芯材料溢出并在紫外环境下固化实现有机硅粘接涂层的自修复。

3. 制备方法复合化和新工艺开发

固体润滑涂层的制备方法主要包括电镀、化学镀、涂料涂装（黏结润滑涂层）、激光熔覆、热喷涂、真空气相沉积（物理气相沉积、化学气相沉积）等。采用两种或多种传统的涂层制备技术复合应用，起到了协同效果，是提升固体润滑涂层性能的重要技术途径，如热喷涂与激光（或电子束）重融的复合、热喷涂与电刷镀的复合、化学热处理与电镀的复合、多层薄膜技术的复合、基体表面硬化与涂层制备工艺的复合等。采用复合制备工艺，可以通过对底材进行强化预处理以提高底材对涂层的支撑能力，从而防止在给定负荷下由于底材的塑性变形而导致涂层的过早失效；利用多种涂层处理技术复合产生协同效应，从而在表面上获得更高性能的复合改性层。

4. 多学科综合研究及设计固体润滑涂层/薄膜

固体润滑材料的摩擦学特性受到其内在特性和外界环境参数的重要影响，特别是与摩擦过程中摩擦接触点的表面化学和物理状态密切相关。制备方法、工艺参数和基体材料等决定着固体润滑涂层/薄膜的成分与结构等固有特性，此外固体润滑涂层/薄膜的摩擦学行为对测试条件及环境气氛也极其敏感，因此需要对固体润滑涂层/薄膜所处的使用工况在充分分析的条件下有针对性地进行设计和研究，这就使得研究固体润滑涂层/薄膜的沉积技术、结构与性能关系，以及表面结构与性能分析的工具对固体润滑涂层/薄膜的设计和研究都至关重要。随着先进技术的发展和工业应用的推进，未来发展针对具体工况、多学科综合研究设计固体润滑涂层/薄膜摩擦学性能的科学方法将越来越重要。一方面，要基于微观尺度结构特性设计宏观摩擦性能，随着固体润滑涂层/薄膜制备技术和表征技术的进一步发展，对固体润滑涂层/薄膜微观尺度结构和宏观尺度摩擦特性的关联的理解进一步加深，通过微观尺度结构设计调控宏观摩擦特性的设计理念将越来越突出。例如，通过纳米梯度改善薄膜和基底的结合力，改善薄膜的韧性；通过多元化、复合化降低薄膜内应力，提高薄膜的环境适应能力；通过表面织构化调控薄膜的摩擦性能；在纳米尺度下构建非公度界面实现摩擦界面之间的超低摩擦，这一设计理念也应用于实现宏观尺度的超低摩擦；通过摩擦界面的纳米催化在摩擦界面产生低摩擦成分也应用于宏观润滑薄膜的设计。另一方面，可以通过模拟计算的方法研究及设计固体润滑涂层/薄膜材料，如利用多尺度的计算分析方法能够呈现固体润滑涂层/薄膜材料宏观摩擦中的一些物理现象，利用跨尺度模拟方法，即在摩擦界面区域以原子的方式进行处理（第一性原理计算或分子动力学）、在亚表面以连续力学的方式进行处理（如有限元法、边界元法），能够在一定程度上建立固体润滑涂层/薄膜材料宏观和介观相互作用的跨尺度摩擦理论模型，用以设计固体润滑涂层/薄膜材料。虽然摩擦中的跨尺度的特征及跨尺度的耦合作用在固体润滑涂层/薄膜材料宏观摩擦中的重要性已经凸显出来，但是跨尺度地考虑摩擦模型还处于尝试阶段，现有的跨尺度摩擦理论模型已经包含宏观和介观相互作用，但是还没有处理原子尺度的微观相互作用的能力，未来对摩擦的多尺度耦合的研究会越来越深入。

5. 固体润滑超低摩擦新理论与新技术

一般认为，滑动摩擦系数在 10^{-3} 量级及更低量级即为超低摩擦状态。在滑动界面实现超低摩擦对人类物质文明的进步具有重要作用，因此超低摩擦状态是摩擦学与固体润滑材料研究的重要课题。超低摩擦状态具有潜在的应用价值，引起了国内外多学科学者的关注，并成为基础研究和工程应用领域普遍感兴趣的研究对象。摩擦学的计算和实验能力的最新进展为摩擦的准确控制策略铺平了道路，最终导致许多纳米到宏观摩擦系统的超低摩擦或接近零摩擦的材料体系出现。与传统润滑油和低摩擦表面比较，近年来许多超低摩擦表面 / 界面和节能润滑剂已经通过各种方法成功制备，如特定的单层蜂窝结构及其多层相（石墨烯、MoS_2 等）、金属表面［Ni（111）表面、Cu（111）表面］的石墨烯涂层、碳基纳米材料和类金刚石碳基薄膜材料等。此外，一些材料在特殊的气氛中显示出超低摩擦特性。例如，CN_x 薄膜在 N_2 环境及含氢类金刚石碳基薄膜在高真空环境下的摩擦系数小于 10^{-3} 量级。此外，即使滑动界面之间的相互作用力是金属间相互作用，在特定条件下也可以获得超低摩擦状态。

三、优先支持研究方向

根据我国航空航天等高技术领域和民用机械工业领域的发展需要，结合固体润滑涂层的发展趋势，建议优先开展以下方面的研究。

1. 研发超长寿命固体润滑涂层材料和技术

长寿命是所有装备发展的趋势，新型空间机构在轨设计使用寿命已由原来的 3～5 年提高到 8～12 年，先进战机的连续使用寿命由三代机的 800h 提高到四代机的 2500h。因此，设计研发具有更长使用寿命的固体润滑涂层是永恒的追求目标。采用自修复仿生设计和固油复合等新型技术是延长固体润滑涂层寿命的有效途径。

2. 研发多环境变工况适应性智能润滑涂层

以超高声速飞行器等为代表的航天装备运动部件要经受多种严酷环境和极端变工况（大交变接触应力、瞬时过载等）的考验。借助多元复合化和纳米结构设计，研制具有多环境和变工况自适应性（智能）的固体润滑涂层是迫切需要发展的方向之一。

3. 研发多功能一体化固体润滑涂层

单一固体润滑涂层已经无法满足航空航天装备功能一体化的设计要求。例如，我国正在大力发展海洋装备，其运动部件不仅要考虑润滑耐磨问题，更要考虑海洋环境带来的严重腐蚀问题，迫切需要发展润滑、耐磨和防腐一体化的固体润滑涂层材料与技术；探月装备要求发展低摩擦与导电一体化固体润滑涂层材料；针对航空航天发动机的高温燃气环境，需要发展既有高温隔热抗氧化性能、耐燃气腐蚀和烧黏性能，又具有优异自润滑耐磨性能的新型固体润滑涂层系统。

4. 研发耐空间暴露环境的固体润滑涂层

空间暴露环境中的原子氧、紫外线、电子辐照等对润滑材料结构和性能有较大的破坏性，研制能够抵御长期空间暴露环境的不利影响、在轨寿命大幅延长的空间固体润滑涂层和技术，满足我国未来空间站、长寿命卫星及深空探测等航天装备关键部件在空间暴露环境中的长寿命（在轨寿命12～20年或更长）润滑和防护需求。

5. 研发新型陶瓷高温自润滑耐磨涂层

研制适用于1100℃以上的新型高温自润滑耐磨涂层已经成为航空发动机装备寿命和可靠性的瓶颈。随着使用温度的提高，涂层材料已经从低熔点的金属材料向高熔点的陶瓷材料发展。陶瓷高温自润滑耐磨涂层在长期高温使用过程中的抗热震性能、脆性剥落问题至关重要。因此，有必要在现有研究基础上对涂层成分和结构做进一步优化，以使涂层具有更优异的综合使用性能。

6. 研发超低温环境下使用的固体润滑涂层

航天发动机使用液态燃料液氧和液氢作为推进剂，涡轮泵要将高压液体送入燃烧装置，存在许多超低温摩擦学问题。材料在超低温环境下的力学性能、黏弹性、屈服强度等性能都将发生变化，显著影响材料的摩擦学性能。此外，需要考虑材料与液态氧和液态氢的相容性问题。

7. 进一步加强固体润滑涂层在空间、海洋、高/低温等工况环境下的失效机理研究

建立实验室模拟与实际工况之间的关系规律，为涂层设计、实验室性能评价和实际工况应用提供数据与理论指导。

8. 建立固体润滑涂层/薄膜摩擦学数据库

材料的摩擦学特性是一个系统特性。材料的摩擦性能不仅取决于固有特性（薄膜的成分、结构等），而且与外界因素密切相关（如测试方法和环境条件等）。这使得固体润滑涂层/薄膜材料的性能难以进行比较，迫切需要建立固体润滑涂层/薄膜摩擦学数据库，建立不同测试方法、不同测试环境、不同微观结构固体润滑涂层/薄膜的摩擦性能数据，为固体润滑涂层/薄膜材料的选择和设计提供数据支持。

9. 建立以固体润滑材料微观尺度、介观尺度、宏观尺度耦合作用为基础的跨尺度摩擦学特性的机理与理论

虽然摩擦过程中的跨尺度的特征及跨尺度的耦合作用在宏观摩擦过程中的重要性已经凸显出来，但是通过跨尺度计算模拟分析固体润滑材料的摩擦学特性模型还处于尝试阶段。现有的固体润滑材料跨尺度摩擦学特性的机理与理论模型包含宏观和介观相互作用，还没有处理原子尺度的微观相互作用的能力，未来对固体润滑材料的多尺度耦合的研究将会越来越深入。

10. 开展固体润滑超低摩擦新理论与新技术的研究与应用

虽然固体润滑超低摩擦材料和技术有广泛的应用前景，但是其机理还未完全澄清、材料的设计和性能调控才刚刚起步。未来，关于固体润滑超低摩擦的新理论与新技术仍然是摩擦学的重要研究方向，通过现代摩擦学的模拟计算和实验设计开发出从纳米到宏观摩擦系统的超低摩擦或接近零摩擦的材料体系。

第十七节　汽车用润滑材料

一、概述

我国汽车产业的发展推动了汽车用润滑油需求量的增长，因此影响我国汽车用润滑油产业的发展。汽车用润滑油市场的需求量占润滑油总需求量的

50%以上。未来十年，由于汽车行业的发展、发动机技术的提高及节能环保法规的加强，汽车用润滑油行业将面临诸多挑战与压力。例如，进一步降低油品黏度以帮助汽车行业提高整车燃油经济性，进一步降低含硫、磷、灰分添加剂的加剂量以保护发动机后处理系统，进一步提高油品抗氧、抗磨及分散性能以满足长换油周期的要求。因此，加强汽车用润滑油产品相关技术研发是推动我国汽车用润滑油行业升级换代的必由之路。

二、发展现状与科学问题

（一）发展现状

汽车用润滑油主要指发动机油和传动系统用油。发动机油包括汽油机油、柴油机油、摩托车油和燃气发动机油；传动系统用油主要包括变速器油（手动、自动）和驱动桥油。随着能源供应形势越来越严峻和环保法规要求越来越严格，各大OEM利用先进技术对发动机进行技术改进，以减少排放，提高燃油经济性。为适应发动机技术的发展，润滑油规格也在不断提升。

1. 汽油机油

从汽油机油的发展来看，低磷、低硫、低灰分的环保型油将是今后油品发展的主要趋势，其需求将随着排放法规的严格化及轿车保有量的增长而增加。汽油机油发展的另一个推动力就是OEM的需求。OEM油品规格以API规格或欧洲汽车制造协会（Association des Constructeurs Europeens，ACEA）的规格为基础，加入各自公司的内部发动机测试或行车试验形成，因此会更加严格和苛刻。目前国际OEM已经形成了各自特有的OEM油品标准，而国内OEM还未形成自己的油品认证标准。中国国家标准《汽油机油》（GB 11121—2006）规格基本参照API规格制定。目前国家标准最高质量级别是SL/GF-3，与API最高质量级别SN/GF-5还相差两个级别。未来国内汽油机油的质量级别将逐渐与国外同步，高档节能型汽车用润滑油需求将不断增加，装车油规格将从目前的SJ/SL质量级别全面升级至SN/GF-5，部分车型将会同步采用GF-6规格产品，同时满足ACEA规格的油品市场也将逐步扩大。因此节能、环保、通用油品（如SN/GF-5、C2/C3、SN/A3/B4）等将是未来汽油机油的发展方向。

2. 柴油机油

由于环保法规和节能要求的推动，柴油机设计制造技术不断创新。这些技术的采用推动了柴油机油规格的不断更新。为了适应新的环保阶段发动机技术的变化，低硫、低磷、低灰分油品将是欧洲和美国未来的主流。同时由于节能的需求，柴油机油将逐渐向低黏度和长换油周期方向发展。我国重负荷发动机油沿用 API 规格发展而来，关于柴油机油的国家标准为 GB 11122—2006《柴油机油》，修订后最高规格为 CI-4。随着排放法规的日益严格，CH-4 柴油机油已经逐步成为市场的主流产品，CI-4 油品的使用量在不断增长，CJ-4 已经投入使用。随着国家第五阶段机动车污染物排放标准（简称国Ⅴ排放标准）、国Ⅵ排放标准在国内的实施，CI-4、CJ-4、CK-4/FA-4 油品将成为中国市场的主流产品，低硫、低磷、低灰分油品的研发也将在我国受到重视。

3. 手动变速器油

在手动变速器油中，80W-90、75W-90 黏度级别油品的消费比例加大，质量规格以 API GL-5 重负荷车辆齿轮油为主，这其中也包含部分润滑油厂家推出的手动变速器专用油。随着手动变速器结构和制造水平的不断发展，以及终端客户需求的不断提高，对手动变速器重负荷车辆齿轮油提出了新的挑战。与此同时，国际主要重型卡车变速器制造商［如德国采埃孚股份公司（ZF Frinedchshafen AG）、伊顿（Eaton）公司］也在不断升级自己的润滑油体系；国内以陕西法士特汽车传动集团公司为代表的变速器 OEM 厂家也通过和荷兰皇家壳牌集团公司合作，推出了壳法系列变速器专用油，并制定了对应的润滑油标准。低黏度、高热氧化安定性、高抗磨性能将是未来手动变速器油的主要发展方向。

4. 汽车用润滑脂

汽车用润滑脂应用于汽车发动机、底盘、车身和电器等 200 多个部位，对汽车的动力性、燃料经济性、制动性、操纵安定性和行驶平顺性有直接影响。每年有超过 1/3 的润滑脂用于与汽车相关运动部件的润滑。近年来，为满足日益提高的乘用舒适性、承载能力和节能要求，从发动机到各种轴承，汽车部件也在不断改进，汽车用润滑脂正逐步向能够在更高温度下使用、提供更长使用寿命方向发展。从品种结构的发展趋势看，由于润滑脂寿命要求不断提高，采用复合锂作为稠化剂、聚脲作为稠化剂及高度精制的矿物油甚至合成润滑油来提高其氧化安定性能，延长服役寿命将成为主要发展趋势。对于汽车等速万向节（constant velocity joint，CVJ）用润滑脂，则向低摩擦系数、抗微动磨损、良好的橡胶相容性、长寿命方向发展。因此以聚脲为稠化剂，二硫化钼、二烷基二硫代氨基甲酸钼（MoDTC）及油性剂为组合的复合抗磨损添加剂，精制矿物油及部分合成油为基础油的润滑脂最适合 CVJ 的发展要求。汽车用润滑脂的整体需求也朝着耐高 / 低温、长寿命方向发展，以合成油为主的复合锂、聚脲占多数，同时存在少量 PTFE 稠化氟油等类型的特殊产品。

（二）汽车用润滑油的性能评价

在汽车用润滑油性能评价方面，理化指标、模拟试验、台架试验和行车试验四部分构成了润滑油质量标准基本体系。其中，模拟试验、台架试验和行车试验在润滑油产品开发中起非常重要的作用。通过润滑油新产品的研发，可以改进基础油生产工艺，改进添加剂产品性能，同时促进润滑油评定技术的不断发展。API 内燃机油升级换代速度快，同时许多台架试验发动机与配件已经停止生产和供应，对我国引进和已经建立的台架都有很大的影响，因此有必要参考 API 体系建立和完善自己的台架试验方法与油品规格。目前，中国内燃机学会已经以创新联盟的形式，组织中国石油天然气股份有限公司兰州润滑油研究开发中心等国内油品和添加剂公司，东风汽车集团有限公司、中国第一汽车集团有限公司、潍柴控股集团有限公司、安徽江淮汽车集团股份有限公司等 OEM，以及中国汽车技术研究中心有限公司、清华大学苏州汽车研究院等第三方机构，开始建立中国 D1 柴油机油规格，该规格预计于 2019 年推出，满足国Ⅵ排放标准柴油机的润滑要求向下兼容，以适应我国的润滑油需求和生产。

（三）未来十年的重点关注领域

整体来看未来十年汽车用润滑油领域需要关注以下六个方面。

1. 排放法规对汽车发动机油产业的影响

排放法规是推动汽车发动机油规格升级换代的永恒主题。为了满足越来越严格的排放法规要求，汽车和发动机厂家不断更新车辆技术以满足不同时期的排放法规。新的汽车技术对润滑油技术也提出了更高的要求，应当予以关注。

2. 国内汽车发动机油标准的制定及发动机油评价方法的建立

从国外润滑油行业组织［API、国际润滑剂标准化及认证委员会（International Lubricant Standardization and Approval Committee，ILSAC）、ACEA］及其规格的制定可以看出，润滑油的技术规格由汽车行业 OEM、添加剂公司、润滑油公司共同进行确认。我国润滑油标准一直采用的是API标准或执行OEM的标准，大部分OEM标准也是参照API或ACEA标准制定的。由于没有适合中国燃料、道路及发动机技术特点的润滑油标准，我国在标准上几乎没有发言权而只能被动跟风，造成在中国润滑油市场上竞争的被动局面，限制了中国汽车发动机油企业的技术进步和发展。

3. 汽车发动机基础油工业的影响

随着润滑油品质要求不断提高，世界基础油正由API Ⅰ类基础油向API Ⅱ类、Ⅲ类基础油及合成油方向转变，以满足不断提高的节能和环保法规要求。因此国内汽车用润滑油的发展应紧密结合基础油的发展趋势，并进行必要的技术升级与新产品的研发。

4. 汽车发动机油添加剂工业的影响

国外四大添加剂公司（美国路博润石油集团有限公司、润英联公司、雪佛龙股份有限公司和雅富顿化学公司）掌握了绝大部分高档汽车发动机油配方的核心技术。在高档汽车发动机油中，油品升级换代带来的台架试验变化和汽车厂商指定的台架试验导致添加剂的评价费用过高，成为阻碍我国添加剂产业发展的又一瓶颈。国内很多润滑油生产企业在高档润滑油领域主要依赖进口复合添加剂。发展具有自主知识产权的发动机油配方技术将是未来十年我国汽车用润滑油行业面临的重要挑战。

5. 国内汽车发动机油评价条件的影响

近几年，由于国外润滑油行业标准API、ILSAC、ACEA升级换代步伐加快、评定台架增加、引进台架费用高昂、研发成本高等原因，我国新台架引入速度放慢，导致高档汽车发动机油的评定设备不完备。目前我国更多的高档内燃机油送到国外进行评定，这些也在一定程度上限制了国内研发水平的进一步提高。因此，改变国内台架评定设备短缺、台架评价过度依赖国外的现状将是未来我国润滑油行业、汽车制造企业需共同面对的难题。

6. 新能源汽车的发展对车用润滑油的影响

新能源汽车是指采用非常规的车用燃料作为动力来源具有新型动力控制技术的汽车，目前新能源汽车主要包括：混合动力电动汽车、纯电动汽车两大类。随着我国对新能源汽车产业的扶持，我国新能源汽车保有量实现了快速增长，仅2017年我国新能源汽车销售量为77.7万辆，目前保有量达到150万辆，新能源汽车已经成为我国汽车产业的重要发展方向。新能源汽车特别是纯电动汽车由于不再需要发动机油且其传动系统对润滑油的性能要求也与传统燃油车有所区别。可以预见，未来十年新能源汽车的发展对车用润滑油产业的发展将产生深远的影响。

三、优先支持研究方向

随着汽车工业的发展，中国汽车发动机油工业虽然面临许多机遇，但也存在许多限制发展的因素。

1. 支持润滑油企业与国内汽车 OEM 合作，走中国的汽车发动机油发展之路

汽车发动机油产业的发展与汽车产业的发展息息相关。要走中国自己的汽车发动机油产业之路，润滑油行业必须与中国汽车行业进行全方位合作，应设立专项资金鼓励润滑油企业与汽车 OEM 合作，制定适合我国国情的汽车用润滑油标准，在一定程度上摆脱对国外标准的依赖。

2. 鼓励润滑油企业与汽车行业合作，进行发动机技术配套润滑油脂的同步设计、同步开发

为满足汽车环保、节能、延长发动机使用寿命的新要求，汽车 OEM 纷纷采用各种先进的发动机技术并与润滑油企业一道确认更适合自己的润滑油规格。发动机技术与配套润滑油技术的同步设计、同步开发是汽车行业发展的规律，也是市场发展的必然选择。为使中国汽车发动机油企业的科研技术得以延伸与发展，应鼓励润滑油企业参与汽车 OEM 新的发动机设计过程中的同步发动机油开发，形成与 OEM 同步开发的长期合作模式，形成我国自主的 OEM 发动机油标准。

3. 支持与汽车行业合作开发并建立适合中国的汽车发动机油台架试验评定方法和产品标准

API 和 ACEA 关于发动机油评定试验均采用本国主要汽车 OEM 的发动机。而在中国，由于燃料、道路及发动机技术的不同，照搬采用 API 和 ACEA 标准是否适合中国环境特点一直是润滑油行业与汽车行业关注的话题。应努力和汽车企业共同探讨建立适合中国国情的润滑油评价体系，以适应中国发动机技术的特点，共同规范中国的汽车发动机油市场。

4. 加大汽车发动机油自主创新力度，提高中国汽车发动机油的技术竞争力

我国的汽车发动机油产业一直缺乏核心技术，应鼓励科研人员提高科技

创新能力，培养自主创新的研究团队并营造相应的科研氛围，开展高端发动机油单剂、复合剂、合成基础油及长寿命通用润滑脂的研制与应用工作，提高中国汽车发动机油的核心竞争力。

5. 开展新能源汽车用润滑材料的研究开发及标准制定

新能源汽车电机、传动系统及汽车结构设计的变化，使其对汽车传动系统用油的电气性能、高温性能、材料兼容性等提出了新的要求。因此，有必要针对新能源汽车的发展需求开展传动系统专用油品的研究开发及相应标准的制定等工作。

第十八节　冶金行业润滑材料

一、概述

冶金行业是我国国民经济的重要基础产业和实现工业化的支柱产业，是支撑我国高端装备制造产业的重要基石。“十二五”期间，冶金行业取得了显著进步。2016 年，我国粗钢产量为 8.08 亿 t，占全球总产量的 49.6%。随着我国冶金行业的发展，以及机械化、自动化水平的提高，一些新技术、新工艺、新装备在冶金行业中引进并获得广泛应用，这对机械设备的高可靠运行及其所使用的润滑材料都提出了更苛刻的要求。冶金行业机械设备的工作条件十分苛刻，具有自动化程度高、重载、高速、多尘、多腐蚀性介质和连续作业等特点，因此对高性能润滑材料有强劲的需求。

二、发展现状与科学问题

（一）润滑脂

冶金行业生产设备的运行一般具有重载、高速、多尘、多水、多腐蚀介质和连续作业等共同特点，所使用的润滑脂通常需要具有良好的防泄漏性、耐高温及较强的负荷承载能力。按照 1 万 t 钢消耗润滑脂 1t 计算，2016 年我国冶金行业年润滑脂消耗约为 8 万 t，占我国润滑脂总消耗量的 1/5 左右。此外，钢铁企业设备繁多，体系庞大，工况复杂恶劣，用润滑脂的部位很多。钢铁企业设备轴承有数万个，由润滑原因引起的损坏约占 50%，更换数量相当大。近年来，我国大型钢铁企业的生产装备水平在不断向国外先进水平靠拢。同时，钢铁企业为降低成本，也提出了应用国产化替代产品和降低用脂量的要求。虽然目前通用润滑脂的用量仍占多数，长寿命润滑脂仅限于特殊用途，但出于节能、环保、节约资源等方面的考虑，润滑脂的高性能化、长寿命化及环境友好将是今后发展的方向。

（二）齿轮油

齿轮油作为齿轮传动装置重要的润滑介质在冶金行业应用较普遍。根据齿面接触应力及实际工况的需求，可选择使用中负荷工业齿轮油、重负荷工业齿轮油、开式齿轮润滑油、蜗轮蜗杆油等润滑材料。开式齿轮是原材料加工工业、大型露天采矿设备中常见的传动方式，如冶金行业的砖窑、烧结窑等。其中开式齿轮传动系统润滑最重要，开式齿轮传动的主要特征为重载、低速、结构尺寸较大，齿轮传动呈开放式或半闭式，而且齿面粗糙度较高，工作条件苛刻（如粉尘、高温、冲击载荷等）。整个开式齿轮可以传递很高的力矩，在启动、运转、停机期间通常处于边界润滑或混合润滑状态，因而齿面承受极高的应力。为了保障开式齿轮的安全运行，除了要考虑安装调试误差、径向和轴向的跳动，还必须选择合理的润滑剂及润滑方式。开式齿轮传动通常使用高黏度油、沥青质润滑剂或半流体润滑脂，以使润滑剂在比较低的速度下能有效工作。

（三）油膜轴承油

钢厂轧机油膜轴承工作的工况恶劣，速度和负载变化大，冲击震动大，有些轧机正、反转频繁，动压膜难以形成以至于损伤轴承。轧机油膜轴承属于高精度产品，其关键精度要求达到毫米级。油膜厚度的微观变化直接影响着轧制板材精度，很大程度上决定着板型和板厚。由于油膜轴承制造精度要求高、昂贵，目前国内油膜轴承油以进口产品为主。高可靠性油膜轴承油的开发及国产化将是未来我国油膜轴承油的主要发展方向。

（四）液压油

随着冶金设备向着高精密度、精准操控的方向发展，其中的伺服阀、电磁阀、柱塞泵等有诸多铜质、银质部件，传统的有灰型抗磨液压油（含ZDDP）的添加剂在润滑过程中，随着温度的升高和长期运转，易与铜、银发生化学反应，锈蚀设备的铜、银部件，因此近些年不含灰分（主要是

ZDDP）的无灰型抗磨液压油在冶金行业获得了广泛应用。另外，基于健康和操作安全考虑，钢铁、采矿、机械等工业在因高温介质或其他火源存在而具有着火危险的液压系统中多使用难燃液压油。合成酯型抗燃液压油是近年发展起来的新型抗燃液压油品种，具备优良的抗燃性、黏温性、生物降解性、润滑性等，综合性能优异，在冶金行业的连铸、热轧等生产线，煤矿井下输送系统及要求抗燃和接触高温、明火的液压系统的应用越来越广泛，是未来冶金行业抗燃液压油的重要发展方向。此外，能够显著延长液压设备换油周期的高性能、长寿命无灰型液压油将是冶金行业普通液压油的主要发展趋势。

三、优先支持研究方向

优先支持研究方向如下。

（1）耐高温、抗水淋、长寿命复合磺酸钙润滑脂及聚脲润滑脂的相关理论研究及产品设计开发与应用。

（2）齿轮油在低速、重载条件下的润滑机制，微点蚀形成机理及抑制方法研究，超高黏度开式齿轮油的研制与应用。

（3）油膜轴承油润滑机理研究及长寿命、高可靠性油膜轴承油的研发与应用。

（4）新型长寿命无灰型液压油的研制及应用研究，长寿命合成酯型抗燃液压油的研制与应用。

第十九节　轨道交通润滑材料

一、概述

随着我国“一带一路”倡议的实施及亚洲公路网、泛亚铁路网规划和建设，轨道交通对我国国民经济的发展越来越重要。对于轨道交通运输而言，我国广袤的地域分布对轨道及车辆维护提出更高的要求，润滑材料的服役工况更严苛。据统计，高速列车超过 80% 的技术故障是工作零部件的过早磨损。因此，研究其摩擦与润滑问题，以及润滑材料和润滑方式的科学选择与应用十分重要。本节主要针对润滑材料在轴承、齿轮、轮轨、弓网等关键运动摩擦副的应用发展现状与趋势进行论述。

二、发展现状与科学问题

(一)机车轮对轴承润滑脂

受尺寸的限制，为了提高速度，高速列车必须朝着轻量化方向发展，降低轴重、减小车轮轮径。高速化与轮径的乘积作用，使轴承转速大幅度提高，轴温升高，同时转速高，冲击负荷大，列车运行的摆动幅度大，轴向负荷增大，因此要求轴承润滑脂具有优良的抗磨、抗擦伤、抗氧化性能，以及良好的机械安定性和胶体安定性。随着铁路向着高速、重载、安全、节能的方向发展，为满足铁路运输发展的需要，国外机车滚动轴承所用的润滑脂已经从普通型润滑脂改为多效、极压型润滑脂。目前我国铁路机车轮对轴承润滑脂难以满足高速铁路机车及新型结构轴承的使用条件(速度高、负荷大)，使用过程中存在温升高、寿命短的缺点，因此国内多数地铁及全部高速铁路机车轮对轴承润滑脂仍主要依赖进口。近几年，中国科学院兰州化学物理研究所与西北轴承股份有限公司合作开发了城市轨道交通轮对轴承润滑脂，在北京地铁完成了10万km行车试验，实际应用效果良好。此外，在973计划“滚动轴承基础研究”项目(2011CB706600)的资助下，中国科学院兰州化学物理研究所与洛阳轴承研究所有限公司合作开展了满足300km/h高速铁路机车轮对轴承润滑脂的研究工作，并顺利通过了台架考核。

(二)牵引电机轴承润滑脂

牵引电机是电力机车和电传动内燃机车传动系统的主要设备，轴承是其重要的组成部分。高速列车牵引电机的功率大、负荷高且波动大，电枢转速高达2000～4000r/min，轴承的DN值(轴承内径 × 轴的转速)为300 000～600 000mm·r/min，运转时的发热量大，轴承的温度一般达到100℃以上，允许温度升到140～180℃，夏季瞬间高温达200℃以上。这样苛刻的润滑条件对润滑脂的性能提出了更高的要求，即必须具有良好的热安定性、氧化安定性、机械安定性、抗磨极压性及较长的使用寿命。此外，由于感应电机的转速高，轴承产生的电蚀不可忽视，电蚀使轴承损坏，同时由于电蚀磨损微粒的作用，润滑脂变质。总体而言，牵引电机大修周期由轴承寿命决定，轴承寿命又与使用的润滑脂密切相关，长寿命的脲基润滑脂，以合成酯、烷基苯醚等为基础油的复合锂基润滑脂和复合铝基润滑脂，以及具有抗电蚀功能的润滑脂，是铁路机车电机轴承润滑脂的主要发展方向。

（三）齿轮油

齿轮是机车或动车通过牵引电机电枢轴传递动力使车轮转动的重要动力传动系统。世界各国高速铁路机车牵引传动齿轮均以润滑油润滑。高速机车或动车齿轮的负荷很大，冲击负荷也大，速度高，油温高。机车齿轮与汽车相比不仅负荷高，而且钢轨与车轮间产生的冲击力不通过缓冲作用而直接传递到齿轮，冲击作用更大，工作条件更苛刻，因而要求齿轮油应具有更优异的热氧化安定性和极压抗磨抗擦伤性能。我国机车运行速度不断提高，机车牵引功率也大幅度增加，但机车车体的尺寸有限，牵引齿轮传动的体积不能任意增大，因此只能在保持齿轮传动体积基本不变的前提下提高齿轮承载能力。随着铁路机车齿轮承载能力的提高，要求使用高性能的机车齿轮油。2013 年，兰州润滑油研究开发中心、中车青岛四方机车车辆股份有限公司、北京交通大学联合开发高速铁路动车齿轮油，2016 年 10 月，KRG75W-80 高速铁路动车齿轮油陆续完成了时速 250km 和 350km 两列车型，以及 60 万 km 装车考核试验。未来，高速铁路机车齿轮油的主要发展方向除高可靠性、长寿命外，节能也是一个重要发展趋势。随着机车速度的不断提高和机车牵引功率的加大，节能被提到了重要的位置，成为机车现代化的一项重要指标。高速铁路机车牵引齿轮传动的润滑，应当是在保证油膜承载能力的前提下，尽量降低运动阻力，使用低黏度高承载的润滑油，以实现节能的目的。

（四）轮轨润滑剂

随着铁路运输向高速、重载方向发展，轮轨接触条件进一步恶化，轮轨磨耗问题越来越严重，导致钢轨和轮对大量提前报废，列车运行能耗增加。为了减缓轮轨磨耗，常用的措施是轮轨润滑。按照使用润滑剂的类型来分，车载式轮缘润滑装置可以分为干式润滑剂和湿式润滑剂两类，其中湿式润滑剂主要为润滑油和润滑脂，干式润滑剂主要为固体润滑棒。使用润滑油和润滑脂的湿式润滑剂与使用固体润滑棒在结构形式及工作原理上都有各自的特点。轮轨润滑技术目前正朝着两个方向发展：一个是开发高效、可生物降解、无毒害、无污染的轮轨润滑剂，尤其是固体轮轨润滑剂；另一个是开发智能型轮轨润滑器（主要针对车载式轮缘润滑），使润滑剂能够根据车辆运行工况、轨道特征及轮缘轨侧磨损情况自动选择润滑策略，以最大限度地提高轮轨的润滑效率。

（五）受电弓滑板

弓网系统是电气化列车运行时的主要动力来源，主要由接触网和受电弓两部分构成。接触网线大多采用纯铜或铜合金材料，作为电力机车从接触网线导入电能的滑板材料，接触网线经历了一个长期而复杂的发展过程。在受电弓滑板的研究和应用方面，其材料主要经历了纯金属滑板、粉末冶金滑板、纯碳滑板、浸金属碳滑板、金属基复合材料滑板和无机非金属基复合材料滑板等发展过程。电气化铁路的不断发展势必会推动受电弓滑板材料的不断创新。从国内外滑板材料的发展现状和近几年滑板材料研发方向来看，受电弓滑板材料的主要研究方向是开发集优良导电性、耐高温抗冲击性、耐磨减摩性于一体的碳系复合材料。可以预见，碳系复合材料通过不断的改进，将会在更多的电气化铁路上得到广泛应用。

三、优先支持研究方向

我国轨道交通（特别是高速轨道交通）蓬勃发展，但对高速轨道交通的润滑材料研究与应用仍处于起步阶段，关键运动部位（如轮对轴承、受电弓等）采用的润滑剂主要依赖进口，严重限制了我国高速铁路的发展。未来十年轨道交通润滑材料的发展方向如下。

1. 高可靠、长寿命轮对轴承润滑脂的研制、评价及应用

作为高速机车核心传动部件的轮对轴承润滑脂国产化是我国高速铁路发展的必经之路。开展满足350km/h高速铁路轮对轴承润滑脂的研制、台架考核、行车试验及应用研究工作，满足现阶段高速铁路需求，同时对满足500km/h高速铁路轮对轴承润滑脂开展预研工作。

2. 抗电蚀轴承润滑脂的基础研究

开展润滑脂耐电蚀性能的研究，考察润滑脂不同组分及微观结构对电蚀性能的影响机理，并在此基础上发展具有抗电蚀性能的铁路机车轴承润滑脂。

3. 高速机车齿轮油的研究与应用

进一步研究高速机车齿轮油、关键添加剂对齿轮服役寿命与可靠性的影响，发展长寿命、高承载、抗点蚀的高速铁路机车齿轮油。

4. 轴承表面工程化与固-液复合润滑技术研究

发展具有自润滑特性及抗电蚀性能的轴承固体润滑涂层材料，提高轴承的润滑抗磨损性能及抗电蚀性能，研究固体润滑涂层与润滑脂复合下的润滑行为和机理。

第二十节 电力装备润滑材料

一、概述

电力装备是我国十大重点发展领域之一，是国家实现能源结构调整和节能减排战略的重要保障。数据显示，2014 年我国电力装备制造业产量居世界首位，实现总产值超过 5 万亿元，占整个机械工业的 1/10 左右。《中国制造 2025》重点领域技术路线图指出，到 2020 年，我国先进发电装备产业规模将达到 1 亿 kW/ 年，总体自主化率达到 90%，其中输变电行业产值达到 2.2 万亿元，装备关键零部件自主化率达到 80% 以上。

电力发展是国民经济发展的重要组成部分。电力行业设备主要由发电设备和输变电设备两大类组成。其中发电设备主要有蒸汽涡轮机、水涡轮机、汽轮发电机、核电汽轮机、风电机组等，应根据设备类型及工况选择不同的润滑材料；输变电设备主要为变压器，所使用的润滑介质为变压器油。随着国家对环保要求的严格、电力企业对综合能效利用率的提高，以及对机组运行时间和安定性的更高要求，设备润滑的需求也越来越高。

二、发展现状与科学问题

（一）风力发电

随着经济飞速发展和人口快速增长，当前我国能源异常紧缺，同时我国以化石燃料消耗为主的单一能源结构使得环境问题也越来越严重，开发和利用新能源对我国尤为紧迫。基于风能的风力发电技术是当前技术条件最成熟的清洁可再生能源利用技术，近年来在世界各国都得到了快速发展。2012 年我国风电发电量超过核电发电量，风电成为我国继火电、水电之后的第三大电源。截至 2014 年 6 月末，全国并网风电装机容量为 8275 万 kW，发电量为 785 亿 kW • h，比 2012 年增长了 36%。风力发电机组主要由叶片、增速齿轮箱、风叶控制系统、制动系统、发电机、塔架等组成。风力发电机主要的润滑部位包括齿轮箱、发电机轴承、偏航系统轴承与齿轮、液压制动系统和主轴承，其中齿轮箱采用风电齿轮油进行润滑，轴承和其他润滑点多采用润滑脂或开式齿轮润滑油进行润滑。

齿轮箱是风力发电机的主要润滑部位，用油量占风力发电机用油量的 3/4 左右，一般采用专用的风电齿轮油进行润滑，若润滑不当会对齿轮产生严重的损伤。而齿轮箱故障也是风力发电机失效的首要原因，其中最常见的故障包括齿面磨损、点蚀、胶合及润滑油老化。齿轮油的主要作用是防止齿轮微点蚀，防止轴承磨损，避免黏度损失或改变，抑制泡沫生成，有长期的氧化安定性和热安定性，抑制油泥生成等，所以要求风电齿轮油除具有良好的极压抗磨性能、冷却性能和清洗性能外，还应具有良好的热氧化安定性、水解安定性、抗泡性、抗乳化性、黏温性、低温性、抗微点蚀性、材料相容性及较长的使用寿命，同时应具有较低的摩擦系数，以降低齿轮传动中的功率损耗。目前风电齿轮油主要是以高品质的PAO与合成酯为基础油，添加精选的功能性添加剂调和而成的全合成齿轮油，其次是以聚醚为基础油的风电齿轮油。

风力发电机轴承属于风力发电机的重要部件。风力发电机轴承的范围涉及从叶片、主轴和偏航所用的轴承，到齿轮箱和发电机中所用的高速轴承。由于风力发电机轴承所使用的环境恶劣、安装维修维护不便，对轴承零件的质量要求更严格。因此不仅要求轴承具有足够的强度和承载能力，还要求其寿命较长（一般要求20年），安全可靠，运行平稳，且润滑、防腐及密封性能良好。风力发电机轴承大致可以分为四类：变桨轴承、偏航轴承、传动系统轴承（主轴和变速器轴承）及发电机轴承。目前，风力发电机轴承一般采用高性能的润滑脂进行润滑，要求润滑脂不仅具有良好的承载能力、抗磨极压性、抗氧化性、防锈性、低温性、热安定性、胶体安定性、黏附性，还要求具有良好的抗微动磨损性能和较长的使用寿命。液压系统为变矩机构和制动系统提供液压来源，用于调节叶片桨矩、阻尼、停机、制动等状态。为实现液压系统的正常工作，需要液压工作液。这种风力发电机中液压系统所用的液压工作液是液压油的一种。一般制动系统的液压源为独立的液压系统。液压系统一般选用高性能的低温抗磨液压油。

在风电设备国产化发展的过程中，风机润滑至今仍依赖进口产品，主要集中在荷兰皇家壳牌集团公司、埃克森美孚公司、克鲁勃润滑剂公司、福斯公司、嘉实多（Castrol）公司等有限个公司的产品。荷兰皇家壳牌集团公司、埃克森美孚公司两家润滑油企业在中国风电行业起步早、产品体系完善，与多家风机制造企业较早地建立了合作，通过设备初装等策略占领了中国风电行业的绝大部分市场；克鲁勃润滑剂公司、福斯公司在风力发电行业品牌定位较高，占据了高端市场；嘉实多公司在中国风电领域作为后起之秀，市场份额也在逐年增加。近些年一些国内润滑油脂生产企业开始研发生产国产风电润滑产品，如中国石化润滑油有限公司、中国石油天然气股份有限公司润滑油分公司、辽宁海华科技股份有限公司、青岛中科润美润滑材料技术有限公司等企业。它们研发的一些产品也进行了国际知名设备厂商认证（如弗兰德齿轮油认证等），并在一些风场进行了实际应用。值得一提的是，在结合我国风电运行环境及气候特点的基础上，由辽宁海华科技股份有限公司、石油化工科学研究院牵头起草的新能源风力发电设备专用润滑油脂系列产品（齿轮油、液压油、润滑脂等）国家标准被国家标准化管理委员会正式批准，已于2017年正式颁布实施。标准的实施将为我国风电润滑材料产品提供标准依据，有助于延长风力发电机组的使用寿命，保障我国新能源风力发电的可持续发展。

风电行业作为战略性新兴能源产业之一，必将获得更大的发展。从发展趋势来看，一方面，随着风电行业和环境保护的进一步发展，长寿命可生物降解的风电润滑油脂必将成为风电润滑剂的重要研究方向；另一方面，海上风电将成为风力发电发展的重要新领域，而海上风电气候环境恶劣、盐雾腐蚀严重、安装维修困难，生态环境敏感，所以针对海上风力发电设备开发海洋环境下环境友好型长寿命风电润滑剂也将成为风电润滑剂的重要发展方向。

（二）水力发电

水电发电（简称水电）是可再生的清洁能源，水轮机作为水电的重要设备，水轮发电机组安全运行已经成为电力系统安全运行的重要标志。推力轴承是水轮发电机组最重要的部件之一，承受着发电机组转子重量及轴向水推力等轴向负荷，其工作性能不仅影响水轮发电机组的出力和效率，而且直接关系到水轮发电机组的安全运行。调查结果表明，水电故障中，轴承方面占60%～80%，其主要症状是轴颈磨损严重，瓦温过高，甚至烧损，轴承进水，使油品乳化。水电设备轴承技术的发展经历了半个多世纪。轴瓦材料最早采用木质承压板，后来改用青铜、钨金、橡胶、锦纶、塑料。与此同时，润滑方式也由干式的固体润滑发展到油脂润滑、稀油透平油润滑、水润滑到自润滑。目前，水电设备采用较多的还是润滑油润滑，水轮发电机的轴承一般选用良好抗氧化性能、分水性能、防锈性能、防腐蚀性能的汽轮机油；闸门的启闭机液压系统一般选用高压抗磨液压油；调速器液压伺服系统一般选用抗氧防锈的汽轮机油或高压抗磨液压油；变压器一般选用抗氧化性能和绝缘性能好的变压器油。

水电设备润滑的主要部位是水轮发电机组的轴承，轴承故障是影响水轮发电机组正常运转的主要原因，而良好的润滑是保证水轮发电机长寿命正常运转的重要因素。一方面，轴承磨损导致轴承运转温升较快，造成轴承密封失效，润滑油泄漏，污染水源；另一方面，轴承升温造成润滑油膜变薄，轴承润滑不良，进一步加剧轴承的磨损，长时间运行必将导致轴承严重磨损失效。从发展趋势来看，对于水轮发电机轴承润滑材料，一方面是研发环境友好型高性能润滑油，保证轴承的良好润滑；另一方面是开发功能化固体自润滑轴承，保证水轮发电机轴承的良好润滑。

（三）汽轮机系统

汽轮机分为水轮机、蒸汽轮机、燃气轮机和燃气-蒸汽联合循环机组，是一种将势能、热能转换为机械能的旋转式动力机械。最初的汽轮机主要以蒸汽轮机的形式出现，早期的蒸汽轮机由于设备漏水量较大，因此防止汽轮机油乳化成为主要考虑的问题，需要重点从降低汽轮机油基础油中的含氮、氧、硫等非烃极性化合物和稠环芳烃方面着手提高抗乳化性能。随着设计技术和单机发电能力的提高，操作温度与油荷比进一步提高，要求汽轮机油具有优异的氧化安定性。因此提高汽轮机油的氧化安定性、延长汽轮机油的换油周期成为主要发展方向。

汽轮机油作为现代涡轮发电机组的液态部件，需要适应现代涡轮发电机技术的进步。随着近年来以燃气-蒸汽联合循环为代表的新型发电系统的广泛应用和发电设备检修周期的延长对汽轮机油提出的新要求，汽轮机油的更新换代步伐加快。国内外正越来越多地采用加氢工艺生产高性能Ⅱ类基础油来调制汽轮机油，尤其在抗氧化性能方面优势明显，可为涡轮发电机组提供更可靠的性能保证。在现代蒸汽涡轮机组方面，随着超临界蒸汽涡轮机组效率的提高，运行温度将突破600℃，甚至高达650～700℃，这对油品在高温水汽环境下的各种性能提出了新挑战。此外，现代燃气涡轮机组作为发展中的新兴发电装备，进口温度将高达1300～1500℃，排气温度将达550～610℃，这也对现代汽轮机油在燃气介质下的高温性能提出更高的要求。目前来看，除使用精制程度更深的Ⅱ类基础油外，加入抗氧剂和金属减活剂是提高在中、高温度环境下使用的现代汽轮机油氧化安定性的有效途径。因此，考察抗氧剂之间、抗氧剂和金属减活剂之间的协同效应及开发新型抗氧剂以提高汽轮机油的高温氧化安定性能是汽轮机油发展的重要方向。

（四）输变电装备

随着我国国民经济的发展和西部大开发战略的实施，国内电力需求快速增长，电网建设已经进入全面推进西电东送、南北互供和全国联网的新阶段。为了满足大容量、长距离电力输送的要求，采用高压直流输电和更高电压等级的交流输电是输变电技术的主要发展方向。作为电网配电的重要设备，变压器（尤其是高压变压器）的需求量逐年增加，因此对变压器配套使用的变压器油提出了更高的要求。变压器油是工业润滑油中的一类重要油品，可用于变压器、断路器、互感器、套管、电抗器等各种充油电气设备及油冷发电机，主要起绝缘、灭弧和冷却的作用，应具有良好的热传导性、流动性、绝缘性和氧化安定性。在用变压器油以环烷基矿物油为主，目前我国变压器油的市场需求量为 40 万～50 万 t。

随着城市化进程的加快，城市电网系统负荷密度高、供电半径小，以及变电站受土地及环保等因素的影响，对具有更高安全性、高燃点的变压器油需求越来越多。高燃点变压器油是指燃点大于 300℃的变压器油。目前高燃点变压器油主要包括硅油、大分子烃类油、合成酯和植物油四大类。由于高燃点变压器油提高了变压器油的防火等级，且在多种理化性能方面较普通的矿物基变压器油有显著的优越性，这类变压器油在发达国家和地区得到广泛的应用。随着我国经济社会的发展及城镇化进程的加快，高燃点变压器油也开始获得应用。高燃点变压器油除可提高变压器的防火等级外，还可降低变压器的噪声，提高变压器的运行温度，延长变压器的使用寿命，是变压器油的重要发展方向。

从发展趋势来看，变压器正朝着轻结构方向发展，体积缩小，变压器油循环速度加快，因此变压器制造商对变压器油的长寿命与可靠性越来越重视，氧化安定性已经成为变压器油质量的重要指标。目前变压器油的发展趋势是在保持变压器油为环烷基特性的基础上，通过提高变压器基础油的精制程度来提高变压器油的抗氧化性能，从而延长变压器油的使用寿命。另外，高燃点变压器油随着城市的发展及人们对于安全性的重视会进入快速增长期。此外，由于国际上对环保的高度重视，对变压器油本身致癌物质的限制将日趋严格，低毒、环境友好变压器油也将是未来变压器油的重要发展方向。

三、优先支持研究方向

建议优先支持的研究方向如下。

（1）更长服役寿命、更高可靠性的风力发电润滑油脂的研制及在极端苛刻（低温、低速、重载等）工况下的使役行为研究，基于现代油液监测技术的风力发电高可靠运行保障技术。

（2）环境友好水电轴承润滑材料及新型固体自润滑轴承的研制与应用。

（3）汽轮机油用新型抗氧化添加剂、腐蚀抑制添加剂、破乳剂的设计制备，复合抗氧体系的研究，以及长寿命汽轮机油的研制与应用。

（4）新材料（纳米材料、石墨烯等）对变压器油传热、电气性能方面的影响规律；低毒、环境友好高燃点变压器油的研究。

第二十一节　工业机器人用润滑材料

一、概述

随着电子、汽车、精密机械等行业在我国的迅速发展，工业机器人在多个工业领域中获得了广泛应用，极大地促进了我国高端装备制造业的发展。另外，随着我国劳动力成本的上升、劳动力供给的下降及产业升级的需要，工业机器人成为中国制造业代替人工的重要选择。中国版工业 4.0“机器人革命”、《中国制造 2025》等实现制造业升级的举措，都极大地促进了工业机器人在中国的发展与应用，也使我国连续多年成为全球工业机器人第一销量大国。工业机器人主要由本体、减速器、伺服系统和控制器四大部件构成，其中的润滑部件——减速器又称机器人的关节，是工业机器人的核心部件之一。它具有传动比大、传动效率高、运动精度高、回差小、低振动、刚性大和高可靠性等特点，对润滑材料具有很高的技术要求。目前工业机器人专用润滑材料的研究已经成为润滑油脂领域的关注热点之一。

二、发展现状与科学问题

（一）工业机器人减速器的典型工况特点

工业机器人关节部位的减速器是其完成工作的关键。工业机器人减速器的典型工况特点如下。

（1）工作温度高。工业机器人关节结构紧凑，散热性较差，而且需要长时间连续工作，造成其关节部位温度较高，因此要求润滑油脂具有良好的热安定性和氧化安定性，以避免在高温下变软流失和氧化变质。

（2）应用于低温工况。工业机器人在我国南方地区和北方地区都得到广泛使用。我国北方地区冬季气温很低，可以达到 -30℃左右，为保证工业机器人在冬季也能正常启动和运转，要求润滑油脂具有良好的低温性能。

（3）边界润滑。工业机器人减速器的加工精度很高，摩擦面之间的间隙一般很小，而工业机器人越来越多地应用于高负荷工况，因此在运转过程中经常处于边界润滑状态，这就要求润滑油脂具有足够的油膜厚度和良好的极压性能。

（4）容易产生微动磨损。工业机器人减速器的运转特点是频繁启动和在较小范围内进行往复运动，容易造成微动磨损，因此要求润滑油脂具有优异的抗微动磨损性能。

（5）油脂更换周期长。工业机器人维护周期长，换油脂周期一般为0.5～1年，这就要求润滑油脂具有较长的使用寿命。

总而言之，工业机器人用润滑油脂应当具有良好的高/低温性能、抗氧化性能、抗腐蚀性能、减摩抗磨性能、抗微动磨损性能及长的服役寿命等。

（二）工业机器人用润滑材料的性能要求

总体而言，欧洲机器人供应商更侧重于润滑介质的清洁冷却性及易更换性，多数推荐润滑油；日本机器人供应商侧重考虑的是润滑介质的不易渗漏性，故多数推荐润滑脂。润滑脂相较于润滑油来说不易泄漏、不易污染，但也存在不易更换、易老化、添加剂损耗快等缺点。对于采用润滑油作为润滑介质的工业机器人减速器，由于柔轮和钢轮高速啮合的过程中齿面间相对滑动速度大，其配套润滑油可以减少齿轮摩擦副在传动过程中产生的热量，起到散热作用，保证齿轮充分润滑，减少摩擦，防止齿轮发生磨损甚至胶合，达到提高传动效果和承载力的目的。随着工业机器人减速器小型化、轻量化、高速化、重载化的发展趋势，其工况条件势必更加苛刻，对其配套用油脂提出了更高的性能要求。

从工业机器人减速器用油的性能要求来看，传统矿物油、合成烃油及合成酯油等通常的换油周期为8000～12 000h，这与目前大部分型号工业机器人多轴减速器所要求的24 000～48 000 h的换油周期还有较大差距，且工业机器人减速器配套用油多采用黏度指数大于180的进口产品，其性能中极低的摩擦系数和极低的油泥沉积等特色也是上述润滑油无法比拟的。因此，工业机器人用油的基础油选型及配比也已成为开发此类产品的关键技术之一。

（三）研究现状

国外工业机器人用油的应用研究起步较早，伴随着传动技术及啮合理论的发展而迅速发展，油品类型也由传统的矿物油、合成烃油向聚亚烷基二醇型合成油转化。其中，聚亚烷基二醇型合成油以其优越的减摩、耐高温性能等诸多优点在欧洲工业机器人品牌中广泛采用。具有代表性的国外合成型工业机器人润滑油包括 TMO150、S4WE150 等产品。在油品规格方面，由于国外公司并未专门设定工业机器人配套用油的种类，故目前国外无工业机器人配套用油的统一标准。而国内公司由于工业机器人及其核心部件减速器均依赖进口，其初装油和指定用油均被国外公司垄断。兰州润滑油研发中心在 2014 年开展了工业机器人减速器配套用油的研发工作，并将工业机器人配套用油成功应用于汽车制造行业。在润滑脂方面，兰州润滑油研发中心、中国石化润滑油有限公司联合沈阳新松机器人自动化股份有限公司采用合成烃类基础油开发了复合锂基润滑脂，并成功实现了应用。

（四）市场容量

从工业机器人减速器用油的市场容量来看，2015 年中国市场工业机器人保有量约 20 万台。未来中国工业机器人行业将呈现高速发展态势，到“十三五”末期，中国工业机器人市场年需求量将达到 15 万台，保有量约 80 万台[①]。按照每台工业机器人用油需求量为 25～30L，平均换油周期约为 2 年计算，预计到 2020 年，中国工业机器人用油需求量约为 5000t。

（五）用油类型

从工业机器人减速器用油类型来看，聚亚烷基二醇型合成工业机器人用油由于具有更优异的润滑性和低牵引力，以及优异的低温流动性，在苛刻的运行条件下能够改进减速器的效率，满足工业机器人多轴减速器超长周期润滑的要求，将逐渐取代矿物型和合成烃型工业机器人用油产品。

从工业机器人减速器用油性能要求来看，随着工业机器人减速器趋于小型化、轻量化、高速化、重载化，其配套用油需要更为优异的极压抗磨性能、抗泡性能、防锈防腐性能、抑制油泥沉积及更长的换油周期。低毒、可生物降解的工业机器人用油产品也将是未来满足环保法规不断严格要求的必然趋势。

此外，国内润滑材料科研院所及企业应加强与国内工业机器人制造商和使

① 根据国际机器人联合会的统计数据和工业和信息化部《机器人产业“十三五”发展规划》。

用厂商的技术合作及交流，了解双方的技术水平和需求，加强工业机器人配套润滑方案的技术开发和专业化合作，以满足市场上日益增多的工业机器人用油国产化需求。

三、优先支持研究方向

建议优先支持的研究方向如下。

（1）高性能工业机器人用润滑材料的设计研发及工业机器人运动过程中的若干摩擦学问题研究。

（2）制定有关工业机器人配套用油的技术标准和规范，作为工业机器人减速器设计制造单位及工业机器人使用单位选油的指导性文件。

（3）工业机器人用润滑油脂的研制与应用研究。开展工业机器人减速器用润滑油脂基础油、关键添加剂组分研制与应用研究工作。

第二十二节 航空润滑材料

一、概述

航空润滑材料可以分为航空润滑油、航空润滑脂、航空固体润滑材料三大类。随着航空技术的快速发展，润滑材料在航空装备中扮演越来越重要的角色，其对动力传动系统的设计和效能起着至关重要的作用。

二、发展现状与科学问题

（一）发展现状

航空润滑材料的总体研究发展状况可以概括为以下方面。

1. 航空发动机油

航空发动机油按照发动机类型，分为活塞式发动机油和涡轮发动机油两大类；按基础油类型，分为矿物油和合成油，其中合成油又包括合成烃、双酯、多元醇酯等多个品种。涡轮发动机油主要是合成油，活塞式发动机油主要是矿物油。自第二次世界大战德国首先使用合成酯作为航空发动机油以来，由于其具有良好的热安定性、优异的低温流动性、高的黏度指数、低的蒸发损失、良好的润滑性等优点，已经成为航空发动机油的主要品种。航空涡轮发动机的不断改进主要体现在推力、推重比和发动机轴承速度的不断提高，推重比的增加直接导致发动机涡轮前温度不断上升，进而提升了发动机润滑系统的温度。润滑系统的温度越来越高，对航空发动机油的黏温性能、热安定性、氧化安定性的要求也将逐步提高。

第二次世界大战至今，合成酯类油的研究及应用得到迅速发展。按照美国的分类方式，合成酯类油已经走过了四代的发展历程。第一代为双酯类油，使用温度为 -54～175℃，满足 MIL-L-7808 规范；第二代为多元醇酯类油，使用温度为 -40～204℃，满足 MIL-L-23699C 规范，典型代表为 Mobil Jet Oil Ⅱ、AeroShell Turbo 500 等；第三代为高温性能改进的多元醇酯类油，使用温度为 -40～232℃，满足 MIL-L-23699E 规范的高热安定性油要求，典型代表为 Mobil Jet Oil 254、AeroShell Turbo 560 等；第四代为性能进一步改进的多元醇酯类油，使用温度为 -40～218℃，满足 MIL-L-23699E 规范的高热安定性油要求，虽然使用温度上限有所下降，但载荷能力明显提高，典型代表为 Mobil Jet Oil 291、AeroShell Turbo 529 等。从发展趋势来看，更高热安定性、更优异氧化安定性及防腐蚀性能的航空发动机油将是未来的主要发展方向。

2. 航空液压油

飞机的收放部件、驾驶控制系统、制动系统及发动机的部分操纵部件几乎都用到液压传动技术。据报道，航空液压系统故障占航空机械总故障的 40% 左右，而由航空液压油引起的故障占航空液压系统故障的 50% 以上，因此航空液压油的性能相当关键。航空液压油作为航空液压系统传动机构的工作液，要求具有良好的高 / 低温性、黏温性、抗剪切性、氧化安定性和液压传递性等。

3. 航空仪表油

随着航空、航天器的发展，对其润滑材料的要求越来越苛刻，为了满足种类繁多的仪器仪表不同性能的要求，世界各国，特别是美国、俄罗斯等国，研制了多种各具特点的航空仪表油，形成了较完整的系列。传统航空仪表油采用精制矿物油为基础油。由于矿物油黏温性能差，使用寿命短，目前正在逐渐被合成烃、合成酯、硅油等替代。

4. 航空润滑脂

目前，国内外民用飞机以波音、空中客车公司的飞机为主，航空润滑脂执行的标准以美国军用标准为主。航空润滑脂在飞机上的应用场合非常广泛，诸多部件均采用具有特殊流变特性的润滑脂进行润滑、密封与防护，对飞机的安全飞行具有重要的作用。航空润滑脂按照应用又可分为机械润滑脂、机件与仪表润滑脂、防护润滑脂与密封润滑脂等。经过多年的发展、合并，美军形成了包括 MIL-PRF-21164 高低温二硫化钼润滑脂，MIL-PRF-25013 航空滚珠滚柱轴承润滑脂，MIL-PRF-23827 航空仪表、齿轮和传动螺杆润滑脂，MIL -PRF -27617 耐燃料和氧化剂仪表润滑脂，SAE-AMS-G-6032 耐汽油和润滑油阀塞润滑脂，MIL-PRF-81322 航空宽温通用润滑脂等 10 多个技术标准在内的完整的航空润滑脂标准体系，为其军用、民用航空工业的健康发展起到了保障作用。

5. 航空固体润滑材料

航空领域应用的固体润滑材料有航空自润滑关节轴承、固体润滑涂层等，其中航空自润滑关节轴承是最重要的一类航空固体润滑材料。自润滑关节轴承是一种性能优良的新型轴承，具有结构紧密、安全可靠、耐冲击及良好的自润滑性能等优点，在工业生产、航空、国防军事等领域获得了广泛的应用。自润滑材料在自润滑关节轴承技术中占有重要的地位，自润滑材料的性能直接影响自润滑关节轴承的工作性能与工作寿命。编织结构自润滑衬垫是目前自润滑关节轴承的主要自润滑材料，特别是在航空航天等尖端领域得到了广泛应用。发达国家经过多年的研究，自润滑衬垫技术已经成熟和完善，形成了可以适应多种工况的系列产品。中国科学院兰州化学物理研究所、上海纺织科学研究院、河南科技大学等在该领域也开展了一些研究工作，并取得了一定的研究成果。中国科学院兰州化学物理研究所在国家国防科工局项目资助下建立了织物型自润滑衬垫生产线及完善的理化性能、摩擦学性能评价装置，在一定程度上满足了我国航空工业的需求。

固体润滑涂层在航空领域应用广泛。航空发动机燃油附件对实现高效固油复合润滑提出了迫切需求，在机械零部件易磨损表面引入固体润滑涂层，在初期磨合阶段即润滑油未能有效润滑时，固体润滑涂层可以有效减少摩擦磨损。中国科学院兰州化学物理研究所科研人员采用酚醛树脂和酚醛环氧树脂作为黏结剂、石墨作为固体润滑剂并添加三氧化二锑和银粉等研制了具有较低摩擦系数、较长耐磨寿命的 THC-800 与 F44 等几十个品种的黏结固体润滑涂层，成功应用于航空发动机及其他动力传动系统。

（二）未来发展方向

纵观航空润滑油脂的发展过程不难看出，随着航空技术的不断发展进步，航空润滑油脂使用的基础油也逐渐从最初的矿物油发展到综合性能优良的合成油。概括而言，未来航空润滑材料的发展方向主要包括以下三个方面。

1. 高热安定性航空发动机油

现代航空涡轮发动机的发展主要以推重比的提高为标志，即提高飞机发动机涡轮前的温度。由此可能带来油箱内润滑油的最高稳定温度为260～427℃，轴承台架试验温度也提高至260～316℃，已超出了酯类润滑油所能承受的极限，因此开发耐高温航空发动机油是航空润滑油的主要发展趋势。航空发动机油所包含的科学问题如下：①具有更高热安定性和氧化安定性的新型航空发动机油基础油的分子设计与制备；②新型航空发动机油配方体系的抗氧化、抗磨减摩机理；③新型航空发动机油与航空发动机材料的相容性；④航空发动机油在高温下分子演变规律及抑制机制。

2. 航空润滑脂

随着航空事业的发展，飞机的类型不断改进，速度更快，对航空润滑脂的使用温度范围、载荷能力、耐介质性能、防护能力等不断提出新要求，不断出现新航空润滑脂。航空润滑脂的选用原则是高/低温性能优异，简化品种，为用户采购、储存和管理提供方便，减少错用的机会，从而提高飞机的润滑质量和安全性。宽温度、多用途、通用型航空润滑脂及高温航空润滑脂的研制将是未来我国航空润滑脂的主要发展方向。有待解决的相关科学问题包括基础油结构性能与润滑脂性能的关系、新型稠化剂的制备及结构与润滑脂性能的关系规律等。

3. 航空固体润滑材料

随着航空技术的发展，对固体润滑材料的研发也提出了更高的要求：不仅要求材料在高温下具有优异的减摩耐磨性能，而且要求材料在室温到高温宽温域范围内均具有良好的摩擦磨损性能。航空固体润滑材料的发展趋势包括：①满足宽温域且具有良好摩擦学性能的涂/覆层材料的基础与应用研究；②对织物型自润滑衬垫摩擦、磨损和润滑机理系统性研究及长寿命自润滑衬垫材料的制备技术研究。

三、优先支持研究方向

建议优先支持的研究方向如下。

（1）具有更高热安定性、满足第五代战机需求的新型航空发动机油基础油的分子设计、制备及性能研究。

（2）航空发动机用高温抗氧化添加剂、抗磨添加剂、抗腐蚀添加剂的研制及性能与作用机理研究。

（3）宽温域、多功能、通用型航空润滑脂的研制，航空润滑脂微观结构与服役性能相关性研究。

（4）满足多工况（低速重载、高速高温等）、低摩擦、高承载、长寿命航空自润滑关节轴承的研制及相关科学问题研究。

第二十三节　航天润滑材料

一、概述

空间飞行器包含诸多机械运动部件，对这些机械运动部件进行有效的润滑处理，对于空间飞行器的长期可靠运行十分重要。近年来，我国空间技术不断发展，对润滑材料摩擦学性能的要求也越来越高。一方面，空间飞行器服役寿命的延长对润滑材料耐磨寿命的要求越来越高；另一方面，空间技术的发展对机械运动部件的功能性要求越来越高，如更高的精度、更低的功耗、更平稳的运行等，这对于润滑材料的摩擦系数、摩擦噪声提出了更高的要求。此外，随着深空探测任务的持续开展，飞行器所面临的空间环境条件也越来越苛刻，如何满足机械运动部件在更苛刻环境条件下的功能需求，对于目前的航天润滑材料也是一个极大的挑战。

二、发展现状与科学问题

（一）发展现状

固体润滑是将固体润滑剂用于摩擦表面，以降低摩擦、减少磨损的措施。相比液体润滑，固体润滑具有使用温度范围宽、无挥发、结构简单（无须密封）、加速寿命试验有效等突出优点。空间用固体润滑材料主要包括层状化合物、软金属和聚合物三大类，其中物理气相沉积固体润滑薄膜材料主要包括层状化合物和软金属。综述国内外研究发展历程，物理气相沉积固体润滑薄膜可简单地划分为四个阶段。第一阶段主要是单一组分的单层薄膜，结构单一、性能较差，如溅射二硫化钼薄膜普遍为多孔柱状结构，膜层致密性差、脆性高，且膜-基结合强度低，因而耐磨寿命有限。随着工程应用不断提出更高的性能要求，以及薄膜制备技术不断进步，复合化和多层化成为薄膜的发展方向，对薄膜结构和组分进行复合与多层设计，克服单一组分单层薄膜的固有技术缺陷，并使其力学性能、润滑性能及环境适应性有了明显的提高，从而在航天领域得到了广泛应用，这可称为物理气相沉积固体润滑薄膜发展的第二阶段。之后，随着薄膜科学技术及现代材料表征技术的不断发展，人们可在纳米尺度对薄膜的结构和组分进行设计，从而实现薄膜摩擦学性能的进一步提升，如纳米晶薄膜、超晶格结构薄膜等，即物理气相沉积固体润滑薄膜的第三阶段。物理气相沉积固体润滑薄膜的第四阶段是自适应或智能薄膜，通过对薄膜结构和组分的精细控制，赋予薄膜在不同温度、接触应力和环境等条件下综合摩擦学性能的提升。但从目前实际工程应用情况来看，还是以第二阶段发展的复合和多层薄膜为主，第三阶段和第四阶段薄膜材料还处于进一步研究与发展中。

总体而言，在航天润滑材料及其制备技术领域，航天大国一直处于引领地位。我国也在持续开展相关研究工作，所研制的固体润滑薄膜材料已先后成功应用于我国不同型号航天任务机械运动部件的润滑处理，满足了当时航天任务对固体润滑薄膜材料的技术需求。但需要指出的是，在航天润滑材料的制备技术、设计理念、性能指标等方面，我国与航天强国可能尚存在一定差距。

（二）发展方向

1. 服役寿命和功能化要求

随着空间技术的不断发展，一方面空间飞行器的服役寿命越来越长，另一方面空间飞行器空间机构对机械运动部件的功能性要求越来越高，如更高的精度、更低的功耗、更平稳的运行等。服役寿命和功能化要求的提升，意味着对航天润滑材料摩擦性能的要求也越来越高，如更好的耐磨性、更小的摩擦和更低的摩擦噪声等，因而长寿命、高可靠润滑材料和润滑技术永远都是空间技术领域的不懈追求。

2. 良好的环境适应性

良好环境适应性的润滑材料也是未来的发展方向之一。首先，空间环境本身涉及真空、极端温度、中性气体、辐射等不同环境因素，随着深空探测任务的持续开展，空间飞行器所面临的空间环境条件会越来越苛刻，如极端低温和极端高温，实现在极端环境条件下机械运动部件的可靠润滑，是保障将来深空探测任务成功的关键技术之一。此外，我国文昌卫星发射中心的投入使用，以及空间飞行器在发射场阶段所面临的海洋性环境气氛，对目前润滑材料的耐候性同样是一个极大的考验。这意味着，润滑材料不仅要满足苛刻的空间环境条件，而且需适应恶劣的地面发射场环境因素，因而润滑材料的环境适应性将会变得越来越重要。

3. 空间任务的长寿命需求

空间任务对更长寿命的需求会使现有润滑剂的性能达到极限。除非发展更长寿命的润滑剂，否则只能通过润滑剂原位供给技术来延长机械运动部件的运转寿命。固体润滑薄膜具有有限的寿命，一旦薄膜耗尽就会导致润滑失效。如果这些薄膜可在原位复原（或供给），那么润滑寿命将会延长。国外已经开展了相关研究工作，并对其可行性进行了验证。例如，日本已通过热蒸发的方式，对球轴承表面软金属（Pb、Au、Ag、In）固体润滑薄膜的原位供给技术进行了研究，发现 In 最适合于这种技术。因此，当航天任务迫使目前航天润滑材料的性能达到极限时，润滑剂原位供给技术会变得越来越重要。

4. 全球范围内商用空间系统快速发展的需求

全球范围内商用空间系统的快速发展会对航天润滑材料带来极大的挑战。在全球范围内，数字通信、信息、航海或先进移动通信等领域正处于快速发展阶段。在这些应用中，空间飞行器的指向将由飞行器整体来执行，其三轴稳定反动轮将由控制力矩陀螺所替代。在这种情况下，需要通过改善轴承组件、先进电机、紧凑型电子控制设备等机械运动部件，以实现高刚性、低摩擦、无滞后关节来提升机构的技术状态。此外，低成本、短周期、适应市场需求将会变得越来越重要。因此，开发商业化市场需求的润滑材料和技术也是目前的发展方向之一。空间系统商业化的程度越来越高，可能会引发空间飞行器的微型化，因而微型化或纳米机械运动部件的润滑技术同样会变得越来越重要。

三、优先支持研究方向

建议优先支持的研究方向如下。

1. 新型长寿命润滑材料的设计和制备

我国航天任务不断发展，使得目前某些空间机械运动部件的润滑技术已达到或接近极限值，实现后续更长服役周期空间飞行器的可靠润滑已是目前迫切需要突破的关键技术之一。近年来，我国空间飞行器的服役寿命已由原来的几年延长到10年以上，某些型号已达到15年，这不仅意味着机械运动部件运转寿命的数倍延长，而且对所使用材料的耐久性是一个极大的考验。例如，针对空间飞行器太阳能帆板驱动机构谐波齿轮减速器，某些型号的寿命要求已达到10^7转量级，尽管目前的润滑材料和技术尚能满足这一要求，但要满足后续型号任务更高的技术要求难度很大。又如，关于低摩擦扭矩轴承润滑材料和润滑技术，尽管固体润滑轴承的寿命要求能满足目前航天任务的技术要求，但要满足某些空间机构低摩擦扭矩、低摩擦噪声的要求已面临极大的挑战。因此，结合我国在航天固体润滑材料领域的研究积累，将第三阶段、第四阶段薄膜材料设计理念引入我国航天固体润滑薄膜材料的研究，发展新型的长寿命纳米晶薄膜、超晶格结构薄膜、智能薄膜，不仅可满足我国航天领域进一步发展的技术需求，而且可促进我国薄膜材料科学技术的进步与发展。

2. 电接触润滑材料及其摩擦磨损机理

空间飞行器导电滑环组件用于旋转电传输，是太阳帆板驱动机构、扫描/消旋平台等空间设备的关键部件，是空间飞行器能源系统及有效载荷的生命线。近年来，我国由导电滑环组件失效引起的航天任务故障也时有发生。特别是在我国航天技术快速发展的今天，空间飞行器的在轨运行寿命已从过去的低轨2年、高轨8年提高到现在的低轨5～8年、高轨8～15年，导电滑环工作寿命需求也由不足10^6转提高到10^7转量级，最新的型号需求已提高到10^8转量级。目前，导电滑环组件润滑技术已经成为我国航天领域进一步发展迫切需要克服的关键技术之一。高性能导电滑环组件的关键在于电接触摩擦副材料的设计和制备，通过合适的电接触摩擦副材料以解决在空间真空微重力环境载流摩擦状态下磨屑堆积引发的电弧放电、磨屑迁移引发的搭接短路及真空摩擦烧蚀等问题。而要实现合适的电接触摩擦副材料的设计和制备，需要深入理解在真空微重力环境载流摩擦状态下电接触材料的摩擦磨损机理。目前我国对于真空载流状态下导电滑环组件摩擦磨损机理尚缺乏深入的科学认知，这也是制约我国高性能导电滑环组件发展的关键科学技术问题。

3. 高速重载强氧化（还原）介质轴承润滑及其失效机理

大推力运载火箭是我国航天工程的重要组成部分，是实现登月和空间站建设的重要前提，而超低温涡轮泵是火箭发动机的核心运转部件，其作用是将低温推进剂从低温储箱高压输送至发动机燃烧室。涡轮泵轴承工作于强氧化或强还原介质，且面临高速重载工况条件，因而涡轮泵轴承的良好润滑是保障火箭发动机正常工作的技术关键。目前，国内外均主要采用物理气相沉积固体润滑薄膜结合 PTFE 基保持器的润滑方案。但由于我国在该领域的研究起步较晚，对于火箭发动机超低温涡轮泵轴承工作过程中的摩擦、磨损和润滑机制尚缺乏深入认识，特别是对于保持器材料（PTFE）和固体润滑薄膜材料在高速重载强氧化（或还原）介质条件下的协同润滑机制这一影响轴承运转寿命的关键科学问题认知不足，这已经成为我国新型大推力运载火箭技术的研发瓶颈。因此，深入开展超低温涡轮泵轴承固体润滑技术涉及的固体润滑材料结构与性能关系、协同润滑机制、润滑系统失效机理方面的基础研究，不仅对保障现役型号火箭可靠服役十分必要，而且有利于促进我国新型重型运载火箭发动机技术的研究发展。

第二十四节　海洋装备润滑材料

一、概述

随着海洋资源的开发和利用，船舶、石油采集平台、海上风力发电装置、潮汐能发电装置、深海资源钻采、水下空间站、水下机器人和潜航装备等海洋装备大量兴建，大量新材料投入使用。与陆地装备相比，海洋装备面临着更为恶劣、复杂、多变的工作环境。海洋装备材料面临最大的挑战之一是海洋极端环境下的摩擦与润滑问题，大多数常用的金属材料、陶瓷材料、高分子材料在服役过程中都受到不同程度摩擦与磨损，如船舶动力装置关键零部件、潮汐能和风能发电装置、石油天然气钻井作业工具和输送管道、海洋平台钢结构连接件及系泊链、深水密封装置等，这些装备关键零部件的摩擦磨损严重制约了海洋装备的工作效率和可靠性。本节对海洋装备润滑材料

（金属材料、高分子材料、陶瓷材料）的摩擦学问题进行探讨与展望。

二、发展现状与科学问题

（一）发展现状

1. 海洋环境下金属材料的摩擦学问题

在海洋环境中，海水的黏度很低，只有矿物油的1/100～1/20，润滑性能很差，摩擦副对偶面上难以形成有效的弹流润滑膜，也不能形成良好的边界润滑膜，因而很容易造成摩擦副表面处于直接接触状态，加快摩擦磨损。此外，海水与岩石圈的相互作用使得海水中的泥沙、微尘很多，尤其是在接近海底处，海水中夹杂大量的泥沙，有的固体颗粒（如SiO_2、SiC）强度、硬度大，一旦进入摩擦副表面间隙将会对摩擦副材料造成严重的磨粒磨损和划伤。

海水的另一大特点是海水是一种典型的腐蚀性电解质，既含有大量氯化物，还含有经常处于饱和状态的碳酸盐及多量的Mg^{2+}、Ca^{2+}，其导电率比矿物油高数亿甚至数百亿倍，能引起绝大多数金属材料的电化学腐蚀。在摩擦运动中，磨损与腐蚀之间存在交互作用。一方面，摩擦过程中接触表面之间不断滑动，在接触应力作用下，钝化膜萌生许多微裂纹，不断扩展直至局部破裂。此外，海水中的Cl^-也会使钝化膜更加容易破坏，裸露的金属表面不断暴露在海水中并受到腐蚀的影响，表面的剪切力会使金属表面发生塑性变形，使其更容易发生腐蚀，在钝化过程中加剧了腐蚀，磨损对腐蚀有促进作用。另一方面，海水渗透至磨损表面的微裂纹内，加速了裂纹的扩散和增殖，并且腐蚀过的表面疏松多孔，更容易增加表面的磨损，同时钝化膜的破坏使摩擦副接触面积减小，接触应力增大，导致更高的磨损率。

海洋是生物的摇篮，水中生物极易在海中人工设施上生长，成为污损生物。海洋污损生物的附着将增加海洋运载工具的航行阻力及金属材料表面的微生物腐蚀，给各种海洋开发和高技术装备带来极大的危害。除海水及海洋生物的作用之外，海洋环境极其多变，经常处于风浪、暴雨、水流多变的状况中，容易对海洋装备产生颠簸、振动和冲击作用，使其部分连接件和关键摩擦副出现异常磨损。例如，风浪造成船体变形，部分关键运动部件由于船体变形导致彼此处于边界润滑或干摩擦状态，润滑状态极其恶劣，接触应力增加，摩擦磨损急剧增加，严重影响船舶推进系统的工作性能和可靠性；海洋平台的振动会加剧海洋平台连接件及系泊链在腐蚀环境下的微动磨损。

2. 海洋环境下高分子材料的摩擦学问题

相对于金属材料，高分子材料具有优异的耐腐蚀性能、自润滑性能和包埋磨粒或沙粒等异物的能力，常常也具有较好的摩擦学性能，在海洋装备中有极其广泛的应用，如船舶尾轴承、海洋平台减振橡胶支座、深水高拉伸强度且耐高水压的橡胶管、海洋装备密封装置、水润滑轴承与活塞等。因此，各种高分子材料在海洋环境下的摩擦学行为也越来越受到人们的重视。研究表明，UHMWPE 与 PTFE 以其良好的耐磨损性能、较高的抗冲击性能、良好的自润滑性能、较小的吸水率及海水介质中优异的化学安定性，被认为是两种极具潜力的适用于海水环境中的摩擦材料。另外，添加碳纤维和 PI，可以提高 PTFE 在海水中的耐磨性，添加量不同，耐磨性也不同，并且一定含量的碳纤维和 PI 可明显降低 PTFE 在海水中的摩擦系数与磨损率，其中 PTFE-5%PI-15% 碳纤维的减摩耐磨效果最好。添加石墨、碳纤维和碳纳米管，可以提高 PI 的致密性，增强它在海水中的耐磨损性能。

以橡胶为基体的高分子材料广泛应用于海水润滑轴承，如船舶尾轴承和海水泵滑动轴承。在船舶尾轴承中，轴承承受多种附加负荷，包括螺旋桨自重和水对螺旋桨的反推力，使得受压分布不均匀，负荷过大，容易产生振动等；尾轴运转不稳定，在启动、停机等引起运行速度变化的情况下，往往处于边界润滑和干摩擦状态，难以形成流体润滑，故其工作条件相当恶劣，易发生严重的摩擦磨损。而在海水泵滑动轴承中，磨损过程是腐蚀、磨粒磨损等相互影响和加剧的损伤过程；特别是在超高压海水泵中，还面临泄漏量大、摩擦磨损加剧和气蚀严重等诸多问题。玻璃纤维增强塑料（glass fiber reinforced plastic，GFRP，又称玻璃钢）强度高，可以和钢铁相比，其密度小、耐腐蚀性能好、表面光滑，在海洋装备上得到了广泛的应用。影响玻璃钢耐腐蚀特性的主要内部因素包括基体树脂的种类、含胶量、固化度、界面黏结特性及成型工艺方法等；外界因素主要包括大气和盐雾的腐蚀、海水及海水中化学物质的腐蚀、海平面的海水和浪花的冲刷腐蚀等。在内部和外部因素的共同作用下，扩散、渗透成为玻璃钢腐蚀破坏的基本动力，是其腐蚀破坏的主要形式。因此玻璃钢在海洋环境下的腐蚀行为主要可归因于海洋极端环境下的扩散、渗透而引起的化学降解和机械能降解。

总体而言，高分子材料在海水环境下表现出非常优异的摩擦学性能，将高分子材料用于关键摩擦副材料时，需考虑其吸水塑化的影响、对偶件的腐蚀影响，以及海水的润滑作用。此外，高分子材料中纤维组织的润滑机理、润滑膜的形成机制、内在和外在因素对摩擦性能的交互影响，以及摩擦副是否因摩擦反应膜的存在而获得了较好的摩擦学特性等，仍需多方面多角度地进一步定量表征，以推动高分子材料在海洋装备领域的工程化应用。

3. 海洋环境下陶瓷材料的摩擦学问题

陶瓷材料属于无机非金属材料，具有硬度高、耐高温、耐腐蚀、刚度高、热膨胀系数小、导热性好、强度高、耐磨、无污染等优点，具有广阔的应用前景。由于陶瓷材料在海水润滑条件下的摩擦系数都比较高，曾一直被认为不适合充当海水润滑摩擦副。新型工程陶瓷材料不断推广应用，为海洋装备关键材料的选择提供了新的思路和方向。研究表明，在水润滑条件下，Si_3N_4、SiC 等硅系陶瓷经过一段时间的磨合期后，表面与水发生摩擦化学反应，形成水解的 $Si(OH)_4$。随着滑动时间的延长，粗糙的接触表面变得平整光滑，磨损机理由机械磨损转化为摩擦化学磨损，而润滑机理则由边界润滑转化为混合润滑或流体润滑，极大地降低了摩擦系数和磨损率。这种良好的水基润滑效果有利于陶瓷材料在海水润滑摩擦副中的推广应用。

为增强陶瓷材料的摩擦学性能，可采用如离子注入等表面改性的方法。例如，在多晶 SiC 陶瓷表面进行 N^+ 注入，可以增加 SiC 陶瓷的表面硬度和弹性模量，同时使表面摩擦系数和磨损率有所下降。此外，研究表明，硼化物固体润滑剂添加到陶瓷材料中，可发挥出明显的减摩耐磨效果。目前自润滑复合陶瓷已经成为学者的研究重点，为解决陶瓷材料摩擦系数和磨损率较高的问题提供了一条有效路径。然而陶瓷材料的脆性是其难以克服的缺点，制约了其广泛应用。陶瓷基体特种材料是解决传统陶瓷材料所面临的各种难题的一个新的思路。金属陶瓷是指用粉末冶金方法制取的金属与陶瓷的特种材料，具有较高的硬度、好的耐磨性、优良的化学安定性，是海水环境下摩擦材料的研究热点之一。

（二）发展趋势

海洋装备润滑材料在海洋苛刻环境下的摩擦学问题及失效机制的探索是

发展深海装备应用的关键技术之一。结合国内外的研究现状，对于海洋装备润滑材料的摩擦学研究具有以下发展趋势。

1. 涂层技术在海洋装备润滑材料中得到更广泛的应用

涂层材料在海水中的耐磨性取决于物理力学性能和界面特性，致密的涂层结构也可以防止海水渗透至裂纹处，抑制海水中 Cl^- 的侵蚀。而在涂层中掺杂一些元素或添加过渡层，可以提高涂层的力学性能和耐腐蚀性，尤其是掺杂 Si 和 Al 等元素，会使涂层在海水中发生摩擦化学反应，促使磨损表面形成一层表面膜，起到有效的润滑效果。

2. 表面织构技术越来越多地应用于海洋装备润滑材料

表面织构技术作为改善材料表面摩擦学特性的一个有效手段，越来越多地应用于海洋装备润滑材料。在海水环境下，具有织构的试样流体动压效果更强，由流体润滑状态转变到混合润滑状态下的临界载荷比无织构试样更高。此外，根据不同的润滑条件，往往需要多种构型表面的综合利用。

3. 纳米材料与纳米技术的兴起和发展

纳米材料与纳米技术的兴起和发展为海洋装备润滑材料的摩擦学改性研究提供了新的方法与理论。纳米材料的引入与复合，可以在不改变基体材料的主体性质下，有针对性地改善材料的目标特性，对提高海洋装备润滑材料在海水苛刻环境下的摩擦学性能效果明显。

4. 海洋新能源的兴起

随着海洋新能源的兴起，出现了许多新型海洋装备，也引发了润滑材料新的摩擦学问题。例如，波浪能发电机涡轮装置中的轴承和齿轮箱、海上风力发电机的转子和叶片、海上太阳能设备的光伏组件等，都受到海洋恶劣环境所带来的腐蚀和磨损问题，需要受到更多的关注和研究。

三、优先支持研究方向

根据我国航海工业领域的发展需要和海洋装备润滑材料的发展趋势，建议优先开展以下方面研究。

（1）研究深海环境下复杂工况的关键运动副摩擦和润滑机理。研究关键运动部件在海洋腐蚀环境与高压高载荷的耦合作用机制，如船舶轴承与轴颈摩擦副、海水液压系统摩擦副，为深海润滑材料的开发与应用奠定理论依据。

（2）开发多功能一体化的新型复合涂层材料。应对复杂多变的海洋环境，开发具备多种功能的新型绿色涂层材料，提供良好的润滑、防腐、防生物污损等性能，以满足海洋工程作业的综合需求。

（3）优化实验方法与提高实验技术。对于海洋润滑材料的摩擦和润滑研究，既要模拟真实的海洋环境，又要将地面模拟与实海测试相联系；既要把实海环境下的真实测量与陆地模拟相结合，又要将试样材料与小型实体部件实测相结合。

（4）研究海洋润滑材料的可靠性和装备的寿命问题，并综合利用试验数据库、预测模型和在线监测技术，保障海洋装备的安全、可靠和长寿命运行。

第五章 资助机制与政策建议

目前我国润滑材料的研究与应用已经有一定的基础，国家对该领域也一直给予关注和支持。由于润滑材料产业的资金投入及技术研发投入需求较大，加上涉及的材料种类繁多，研发和生产应用周期较长，我国在短期内很难全面赶上世界先进水平，但实现局部超越指日可待。鉴于润滑材料或润滑技术在装备中的重要性，以及我国高端润滑材料研发与产业化的滞后现状，应该采取必要的措施或政策以积极推进该领域的研究和应用。为促进我国润滑材料学科领域的健康发展，特提出以下七点建议。

（一）加强基础研究，重视原创性研究成果

我国目前在润滑材料领域的基础研究水平与国外仍有一定差距，国家应继续加大对润滑材料基础研究的支持力度，特别是对润滑材料领域具有原创性的理论、材料与技术。在科研经费与奖励政策方面，对具有原创性的研究成果进行重点支持与奖励；在科研评价方面，对原创性研究成果进行政策性引导。

（二）鼓励学科交叉研究与跨学科合作

虽然润滑材料是材料科学的一个分支，但严格意义上讲，润滑材料的设计、制备与工程应用涉及数学、力学、物理学、化学、冶金学、机械工程、材料科学、石油化工等多个学科领域，是一门典型的综合交叉学科，因此润滑材料学科的发展和进步与其他学科息息相关。未来，润滑材料学科领域取得的突破和进展都离不开与相关学科的交叉研究和跨学科合作。因此建议设立专项资金，对润滑材料领域的学科交叉研究进行有针对性的支持，鼓励跨

学科合作。

（三）加强学科领域的国际合作与交流

伴随着全球经济一体化的进程，我国在润滑材料领域的国际交流与合作明显增多，国际影响力显著增强。未来应继续加强和重视润滑材料学科领域的国际合作与交流，包括大型国际会议的参与和承办、与国外双边/多边会议的组织和举办、各层次人才与团队的交流互访、年轻科研人员的联合培养、国际合作项目的申报与实施等。相关管理部门在科研人员国际合作交流政策方面应实施宽松政策，给国际合作与交流提供更加多元化、自由的氛围，促进润滑材料学科的发展与进步。

（四）强化学术界与产业界合作交流，形成产学研用合作联盟

目前，国内润滑材料领域的学术界与产业界在技术交流、人才流动等方面的互动性不足，应从大学本科、研究生教育入手，培养懂润滑的专门人才。鼓励高等院校、科研机构针对产业界面临的科学与技术难题开展润滑领域的前瞻性研究，为润滑油脂企业研发生产高端润滑材料提供科学基础和技术支持。重视发挥企业的积极性，支持科研院所与企业开展高端润滑产品研发及产品的应用性能和使役行为研究。推动润滑油脂企业的技术进步，促进企业向更高的目标和方向迈进，研制引领未来发展（绿色环保、高效节能、全寿命）的高端产品。通过共建联合实验室、联合研发中心等推动研究机构和企业间的合作与交流。鼓励科研与生产及应用部门的交流合作，使研究与生产结合、生产与应用结合。将学、研、产、用四个方面结合起来，形成战略合作联盟，推动高端润滑材料的研发与生产应用。

（五）加大投入，重视对核心高技术与高端润滑材料的开发

与国外知名润滑油脂企业对研发的投入相比，我国的大型国企、中等规模民企、高校及科研机构对润滑材料的研发投入十分有限。与发达国家已经基本完成工业化不同，我国的工业化进程还在快速发展阶段。《中国制造2025》对润滑材料的技术需求强劲，因此需要国家及企业重视润滑材料技术的研发，加大支持力度。我国在合成烃类、合成酯类、聚醚等基础油方面与发达国家的差距较大，急需加大研发力度，以期在2030年前后可以实现替代进口。添加剂方面，分散剂、清净剂、抗氧剂、抗磨损添加剂使用量较大，我国不应该放弃这些具有重要应用价值和战略意义的领域。但是，如何迎头

赶上需要有眼光及追求的企业家，需要国家有关部门予以深入思考及重点部署。关键润滑油品方面，如油膜轴承润滑油、汽轮机油、压缩机油、高温链条油及高速轴承润滑脂、高温润滑脂、低噪声润滑脂等，我国仍然主要依赖进口，对其研发应予以重视。关键固体润滑材料方面，宽温域固体润滑复合材料、低摩擦耐磨损薄膜材料、高承载耐高温涂层材料、聚合物基纤维和复合材料、结构功能或多功能一体化材料是航空航天、船舶、核工业等高技术领域的重要材料技术，我国应持续不断地开展理论与应用研究。我国应建立既独立自主又能与国际接轨的润滑材料标准体系及应用考核评价方法。在该方面，希望中国石油天然气股份有限公司、中国石油化工集团公司能够发挥骨干和引领作用。

（六）加强人才队伍建设

人才是科技创新的主体，应重视人才的培养与队伍的建设。我国应加强润滑知识的教育普及，强化润滑材料专业人才的培养，与产业界建立良好的人才培养机制，为学术界、产业界源源不断地培养研发人才。继续加强对青年科研骨干的培养与支持工作，鼓励青年科研人员参加国内外学术、产业会议，在学术、行业内设立青年人才项目及奖励，促进青年科研人员的快速成长。此外，还需要重视工程技术人才的培养与团队的建设。

（七）重视学科平台建设

设备平台、经营理念、金融资本、政策扶持等是发展事业的重要环节。目前，我国在润滑材料领域的研发平台还不完备，在润滑材料产品研发方面的投入与欧洲、美国、日本等发达国家和地区相比还明显不足。我国现阶段仍然需要积极推进润滑领域国家重点实验室、国家工程实验室及国家工程研究中心的建设。如果可能，可争取建设润滑科学与技术国家重点实验室。

参考文献

曹聪蕊，刘功德，包冬梅，等. 2013. 利用微型牵引力试验机评价发动机油及添加剂的摩擦性能. 石油炼制与化工，44（10）：87-91.

邓才超，赵光哲，陈举，等. 2010. 航空涡轮发动机油基础油的现状及发展趋势. 石油商技，28（1）：48-51.

董从林，白秀琴，严新平，等. 2013. 海洋环境下的材料摩擦学研究进展与展望. 摩擦学学报，33（3）：311-320.

韩鹏，刘建龙，冯强. 2015. 工业机器人关节减速机润滑脂的研制及应用. 石油商技，33（4）：25-29.

黄文轩. 2014. 全球润滑剂添加剂发展情况和趋势. 石油商技，32（1）：10-18.

黄文轩. 2015. 第三讲：全球润滑剂添加剂的发展情况. 石油商技，33（6）：86-93.

冀盛亚，孙乐民，上官宝，等. 2009. 受电弓滑板材料的研究现状及展望. 热加工工艺，38（6）：80-83.

金理力，李桂云，张丙伍. 2013. 轻负荷柴油发动机油规格的发展现状及趋势. 石油商技，31（1）：60-69.

金鹏，徐小红，汤仲平，等. 2016. 长换油期柴油机油的研究及应用. 润滑油，3（3）：8-11.

孔劲媛，王昭，张蕾. 2016. 我国润滑油暨基础油市场现状与发展预测. 润滑油，31（5）：1-5.

李玉华，关琦. 2015. 国内外基础油生产技术现状及发展趋势. 中国新技术新产品，（17）：49-50.

刘维民，翁立军，孙嘉奕. 2009. 空间润滑材料与技术手册. 北京：科学出版社.

刘维民，许俊，冯大鹏，等. 2013. 合成润滑油的研究现状与发展趋势. 摩擦学学报，33（1）：91-104.

刘宇，黎宇科. 2013. 欧洲柴油乘用车发展现状、趋势以及启示. 汽车工业研究，（2）：42-46.

米红英，陈德友，杨廷栋 . 2009. 我国汽车工业发展及其对车用润滑脂的要求 . 石油商技，27（2）: 56-58.
宁少武，赵海峰，欧阳秋，等 . 2011. 美国通用航空润滑脂标准的发展演变 . 石油商技，29（6）: 30-33.
潘元青，蔡继元，续景，等 . 2009. 高速铁路机车对齿轮油的性能要求 . 石油商技，27（4）: 32-35.
潘元青，吴键，刘翠香 . 2013a. 钢铁行业主要单元设备用润滑脂 . 石油商技，31（2）: 8-14.
潘元青，吴键，闫东勇 . 2013b. 钢铁行业润滑用脂现状及发展 . 石油商技，31（1）: 6-16.
潘元青，周惠娟，刘翠香 . 2014. 汽车行业润滑用脂现状及发展 . 润滑油与燃料，24（1）: 1-10.
钱伯章 . 2014. GTL 润滑油市场与发展前景 . 润滑油，29（2）: 1-5.
秦鹤年，郑鹏宇 . 2012. 汽车新能源及润滑油的发展 . 润滑油，27（1）: 7-11.
申宝武 . 2008. 开式齿轮传动的润滑 . 石油商技，26（5）: 15-21.
申巧红，宋春雪，王连义，等 . 2016. 三类润滑油极压抗磨添加剂的研究现状及发展预测 . 润滑油，31（6）: 26-29.
王建梅，黄庆学，丁光正 . 2012. 轧机油膜轴承润滑理论研究进展 . 润滑与密封，37（10）: 112-115.
王俊明 . 2012. 水基润滑添加剂的制备及其摩擦物理化学行为与机理研究 . 北京：中国科学院大学 .
王鲁强，郭庆洲，康小洪，等 . 2011. 基础油生产技术现状及发展趋势 . 石油商技，29（1）: 6-12.
王普照，段庆华 . 2016. 植物油制备可生物降解基础油的工艺现状及展望 . 石油商技，34（6）: 10-19.
王苗，桃春生，王清国 . 2015. 汽车油耗和排放法规对发动机油规格的影响 . 润滑油，30（3）: 46-53.
魏强兵，蔡美荣，周峰 . 2012. 表面接枝聚合物刷与仿生水润滑研究进展 . 高分子学报，（10）: 1102-1107.
吴学谦 . 2014. 聚 α-烯烃基础油合成工艺研究 . 上海：华东理工大学 .
吴燕霞，李维民，王晓波 . 2015. 磷系极压抗磨剂在酯类油中的摩擦学性能 . 石油学报（石油加工），31（5）: 1122-1128.
吴长彧，王栋，胡静，等 . 2014. 天然气合成基础油发展现状及展望 . 现代化工，34（5）: 5-7.
许耀华，杨广彬，张晟卯，等 . 2012. 水溶性纳米铜的制备及其摩擦学性能研究 . 摩擦学学报，32（2）: 165-169.
杨晓霞，邓宪洲 . 2015. 有色金属加工行业现状特点及发展趋势 . 有色金属加工，44（2）:

1-5.
姚圣军，邱明，张永振 . 2008. 自润滑关节轴承摩擦磨损性能的研究进展 . 轴承，（11）：38-42.
姚汤伟，陈跃年，朱建昌 . 2006. 干式润滑方式在机车轮缘润滑中的应用 . 润滑与密封，（8）：179-180.
于海，糜莉萍，姬建华 . 2016. 工业机器人用油特点、现状及发展趋势 . 润滑油，31（6）：1-5.
张国茹，刘斌，水琳 . 2009. 手动变速器专用油（MTF）发展趋势 . 石油商技，27（4）：7-11.
张晓熙 . 2012. 国内外润滑油添加剂现状与发展趋势 . 润滑油，27（2）：1-4.
张丙伍，孙丁伟，谢惊春，等 . 2010. 航空润滑油规格发展概述 . 润滑油，25（5）：1-5.
郑东东，郝玉杰，李春诚，等 . 2012. 抗燃液压油的技术发展现状 . 润滑油，27（2）：5-9.
周峰，吴杨 . 2016. “润滑”之新解 . 摩擦学学报，36（1）：132-136.
周轶 . 2016. 重负荷车辆齿轮油规格发展情况 . 石油商技，34（6）：4-9.
朱丽丽，吴新虎，赵勤，等 . 2016. 膦酸酯离子液体在合成多元醇酯过程中的双重作用：从催化剂到合成酯的减摩抗磨添加剂 . 摩擦学学报，36（4）：510-519.
Berman D, Erdemir A, Sumant A V. 2014. Graphene: a new emerging lubricant. Materials Today, 17（1）：31-42.
Berman D, Deshmukh S A, Sankaranarayanan S K, et al. 2015. Macroscale superlubricity enabled by graphene nanoscroll formation. Science, 348（6239）：1118-1122.
Byers J P. 2006. Metalworking Fluids. 2nd ed. Boca Raton：CRC Press.
Chen Z, Liu XW, Liu Y, et al. 2015. Ultrathin MoS_2 nanosheets with superior extreme pressure property as boundary lubricants. Scientific Reports, 5：12869.
Donnet C, Erdemir A. 2004. Historical developments and new trends in tribological and solid lubricant coatings. Surface and Coatings Technology,180（3）：76-84.
Donnet C, Erdemir A. 2004. Solid lubricant coatings: recent developments and future trends. Tribology Letters, 17（3）：389-397.
Fan X, Xue Q J, Wang L. 2015. Carbon-based solid-liquid lubricating coatings for space applications：A review. Friction, 3（3）：191-207.
Gow G. 2010. Lubricating Grease in Chemistry and Technology of Lubricants. Berlin：Springer Netherlands.
Gustavsson F, Jacobson S, Cavaleiro A, et al. 2013. Ultra-low friction W-S-N solid lubricant coating. Surface and Coatings Technology, 232：541-548.
Gosvami N N, Bares J A, Mangolini F, et al. 2015. Mechanisms of antiwear tribofilm growth revealed in situ by single-asperity sliding contacts. Science, 348（6230）：102-106.
Honary L A R, Richter E. 2011. Biobased Lubricants and Greases Technology and Products. New

York：John Wiley & Sons Ltd.

Lee CG, Li QY, Kalb W, et al. 2010. Frictional characteristics of atomically thin sheets. Science, 328（5974）：76-80.

Lugt P M. 2013. Grease Lubrication in Rolling Bearings. New York：John Wiley & Sons Ltd.

Luo Q. 2013. Tribofilms in solid lubricants//Wang Q J, Chung Y W. Encyclopedia of Tribology. New York：Springer.

Lynch T R. 2008. Process Chemistry of Lubricant Base Stocks. Abingdon：Taylor & Francis Group.

Ma S, Wang D, Liang Y, et al. 2015. Gecko-inspired but chemically switched friction and adhesion on nanofibrillar surfaces. Small, 11（9-10）：1131-1137.

Ma S, Scaraggi M, Wang D, et al. 2015. Nanoporous substrate-infiltrated hydrogels: A bioinspired regenerable surface for high load bearing and tunable friction. Advanced Functional Materials, 25（47）：7366-7374.

Mohseni H, Scharf T W. 2015. Role of atomic layer deposited solid lubricants in the sliding wear reduction of carbon-carbon composites at room and higher temperatures. Wear, 332：1303-1313.

Nagendramma P, Kaul S. 2012. Development of ecofriendly/biodegradable lubricants: an overview. Renewable and Sustainable Energy Reviews, 16（1）：764-774.

Peng Y, Wang Z, Zou K. 2015. Friction and wear properties of different types of graphene nanosheets as effective solid lubricants. Langmuir, 31（28）：7782-7791.

Prabhu T R. 2015. Effects of solid lubricants, load, and sliding speed on the tribological behavior of silica reinforced composites using design of experiments. Materials & Design, 77：149-160.

Quazi M M, Fazal M A, Haseeb A, et al. 2016. A review to the laser cladding of self-lubricating composite coatings. Lasers in Manufacturing and Materials Processing, 3（2）：67-99.

Rabaso P, Dassenoy F, Ville F, et al. 2014. An investigation on the reduced ability of IF-MoS_2 nanoparticles to reduce friction and wear in the presence of dispersants. Tribology Letters, 55（3）：503-516.

Ray S, Rao P V C, Choudary N V. 2012. Poly-α-olefin based synthetic lubricants: a short review on various synthetic routes. Lubrication Science, 24（1）：23-44.

Rizvi S Q A. 2008. A Comprehensive Review of Lubricant Chemistry, Technology, Selection, and Design. West Conshohocken, PA: ASTM International.

Rudnick L R. 2006. Synthetics, Mineral Oils, and Bio-Based Lubricants: Chemistry and Technology. New York：Marcel Dekker, Inc.

Rudnick L R. 2009. Lubricant Additives: Chemistry and Application. 2nd ed. Abingdon：Taylor & Francis Group.

Rudnick L R, Shubkin R L. 2005. Synthetic Lubricants and High-performance Functional Fluids. New York: Marcel Dekker, Inc.

Salimon J, Salih N, Yousif E. 2010. Biolubricants: Raw materials, chemical modifications and environmental benefits. European Journal of Lipid Science and Technology, 112（5）: 519-530.

Scharf T W, Prasad S V. 2013. Solid lubricants: a review. Journal of Materials Science, 48（2）: 511-531.

Shah F U, Glavatskih S, Antzutkin O N. 2013. Boron in tribology: From borates to ionic liquids. Tribology Letters, 51（3）: 281-301.

Shashidhara Y M, Jayaram S R. 2010. Vegetable oils as a potential cutting fluid: An evolution. Tribology International, 43（5-6）: 1073-1081.

Singh H, Mutyala K C, Evans R D, et al. 2015. An investigation of material and tribological properties of Sb_2O_3/Au-doped MoS_2 solid lubricant films under sliding and rolling contact in different environments. Surface and Coatings Technology, 284: 281-289.

Spikes H. 2015. Friction modifier additives. Tribology Letters, 60（1）: 5.

Tang Z, Li S. 2014. A review of recent developments of friction modifiers for liquid lubricants (2007–present). Current Opinion in Solid State and Materials Science, 18（3）: 119-139.

Wu P, Li X, Zhang C, et al. 2017. Self-assembled graphene film as low friction solid lubricant in macroscale contact. ACS Applied Materials & Interfaces, 9（25）: 21554-21562.

Wu Y, Liu Z, Liang Y, et al. 2014a. Photoresponsive superhydrophobic coating for regulating boundary slippage. Soft Matter,10（29）: 5318-5324.

Wu Y, Liu Z, Liang Y, et al. 2014b. Switching fluid slippage on pH-responsive superhydrophobic surfaces. Langmuir, 30（22）: 6463-6468.

Ye C, Liu W, Chen Y, et al. 2001. Room-temperature ionic liquids: A novel versatile lubricant. Chemical Communications,（21）: 2244-2245.

Yu H L, Xu Y, Shi P, et al. 2013. Microstructure, mechanical properties and tribological behavior of tribofilm generated from natural serpentine mineral powders as lubricant additive. Wear, 297（1-2）: 802-810.

Zalaznik M, Kalin M, Novak S, et al. 2016. Effect of the type, size and concentration of solid lubricants on the tribological properties of the polymer PEEK. Wear, 364: 31-39.

Zhang Z J, Zhang J, Xue Q J. 1994. Synthesis and characterization of a molybdenum disulfide nanocluster. Journal of Physical Chemistry, 98: 246-255.

Zhou F, Liang Y, Liu W. 2009. Ionic liquid lubricants: Designed chemistry for engineering applications. Chemical Society Reviews, 38（9）: 2590-2599.

Zhou Y, Qu J. 2017. Ionic liquids as lubricant additives: A review. ACS Applied Materials & Interfaces, 9（4）: 3209-3222.

附录

附表 1　2006～2018 年国家自然科学基金委员会资助摩擦学和润滑材料领域重点项目与重大研究计划项目

申请代码	项目名称	项目负责人	依托单位	项目起止年份
E050504	植入假体的生物摩擦学关键基础问题研究	葛世荣	中国矿业大学	2006～2009
E0505	界面减阻与表面行为机理	薛群基	中国科学院兰州化学物理研究所	2009～2012
E0505	纳米图案的旋转式近场光刻制造系统与关键技术	孟永钢	清华大学	2012～2015
E0505	LED 芯片衬底材料近极限光滑表面高效平坦化原理与方法	潘国顺	清华大学	2013～2016
E0505	微创器械生理相容与交互作用机理研究	周仲荣	西南交通大学	2013～2017
E050503	纳米级水基润滑中的水合效应与双电层效应研究	雒建斌	清华大学	2014～2018
E0108	轻合金搅拌摩擦焊接 / 加工中组织控制与力学行为研究	马宗义	中国科学院金属研究所	2014～2018
E050501	亚纳米精度表面制造基础研究	路新春	清华大学	2014～2017
E0505	海洋航行体表面调控与仿生减阻机理	薛群基	中国科学院宁波材料技术与工程研究所	2014～2018
B061203	层状磷酸盐的性能调控和固体润滑应用性研究	董晋湘	太原理工大学	2015～2019
E0505	固体与刚毛结构间的生物电 / 摩擦电耦合黏附机制及仿生基础	戴振东	南京航空航天大学	2015～2019
E0505	若干典型动物牙齿的生物摩擦学机理研究	周仲荣	西南交通大学	2016～2020

续表

申请代码	项目名称	项目负责人	依托单位	项目起止年份
E0505	再制造产品性能调控中的基础科学问题	王海斗	中国人民解放军装甲兵工程学院（现中国人民解放军陆军装甲兵学院）	2016～2020
E0505	基于先进二维功能材料的机械表/界面多场耦合调控与功能化	郭万林	南京航空航天大学	2016～2020
E0505	磨合过程界面结构演化规律与调控的研究	孟永钢	清华大学	2017～2021
E0507	机械仿生摩擦表面与界面	郭志光	中国科学院兰州化学物理研究所	2018～2022

附表 2　2013～2017 年国家自然科学基金委员会资助摩擦学和润滑材料领域国家重大科研仪器研制项目

申请代码	项目名称	项目负责人	依托单位	项目起止年份
E0505	模拟空间环境下摩擦试验原位分析系统的研制	刘维民	中国科学院兰州化学物理研究所	2013～2017
E0505	高分辨原位实时摩擦能量耗散测量系统	雒建斌	清华大学	2016～2020
E0505	极端环境全模式冲击微动损伤测试系统研发及应用	朱旻昊	西南交通大学	2017～2021

附表 3　2005～2016 年国家自然科学基金委员会资助摩擦学和润滑材料领域创新研究群体项目

申请代码	项目名称	项目负责人	依托单位	项目起止年份
E0505	空间润滑材料与技术研究	刘维民	中国科学院兰州化学物理研究所	2005～2007
E050501	高速列车运行安全的关键科学技术问题研究	周仲荣	西南交通大学	2006～2008
E0512	微纳制造中的表面/界面行为及控制技术研究	雒建斌	清华大学	2008～2010
E0505	空间润滑材料与技术研究	刘维民	中国科学院兰州化学物理研究所	2008～2010
E050501	高速列车运行安全的关键科学技术问题研究	周仲荣	西南交通大学	2009～2011

续表

申请代码	项目名称	项目负责人	依托单位	项目起止年份
E0512	微纳制造中的表面 / 界面行为及控制技术研究	雒建斌	清华大学	2011～2013
E0512	微纳制造中的表面 / 界面行为及控制技术研究	雒建斌	清华大学	2014～2016

附表 4　2007～2016 年国家自然科学基金委员会资助摩擦学和润滑材料领域国家杰出青年科学基金项目

申请代码	项目名称	项目负责人	依托单位	项目起止年份
E0512	微 / 纳摩擦学	钱林茂	西南交通大学	2007～2010
E050503	机械表面效应与表面技术	雷明凯	大连理工大学	2008～2011
B060603	新型层状硅酸盐材料的合成与固体润滑特性研究	董晋湘	太原理工大学	2009～2012
E0505	极大规模集成电路铜互连平坦化新原理及其应用研究	路新春	清华大学	2009～2012
E0505	机械摩擦、磨损与控制	朱旻昊	西南交通大学	2011～2014
E050501	空间摩擦学	王齐华	中国科学院兰州化学物理研究所	2011～2014
B0305	物理化学	周　峰	中国科学院兰州化学物理研究所	2012～2015
E0505	表面工程与摩擦学	王海斗	中国人民解放军装甲兵工程学院	2012～2015
E0505	机械摩擦学与表面技术	田　煜	清华大学	2015～2019

附表 5　2013～2018 年国家自然科学基金委员会资助摩擦学和润滑材料领域优秀青年科学基金项目

申请代码	项目名称	项目负责人	依托单位	项目起止年份
E05	人类牙齿的生物摩擦学研究	郑　靖	西南交通大学	2013～2015
E050502	超滑规律和机理研究	张晨辉	清华大学	2013～2015
E050503	表面效应与表面技术	魏世丞	中国人民解放军装甲兵工程学院	2013～2015

续表

申请代码	项目名称	项目负责人	依托单位	项目起止年份
E0505	空间固体润滑薄膜	王立平	中国科学院兰州化学物理研究所	2014～2016
E050503	摩擦学及表面 / 界面科学与技术	陈皓生	清华大学	2014～2016
A020309	摩擦与接触力学	李群仰	清华大学	2015～2017
E0505	微纳制造中表 / 界面行为与机理	马天宝	清华大学	2015～2017
E050501	船舶摩擦学的基础问题	袁成清	武汉理工大学	2015～2017
E050503	机械仿生摩擦学表面与界面	郭志光	中国科学院兰州化学物理研究所	2016～2018
E050503	轻金属表面微纳制造业功能防护	王道爱	中国科学院兰州化学物理研究所	2018～2020

附表 6　2008～2016 年润滑材料领域奖励情况

年份	第一获奖人	获奖单位	获奖	项目名称
2008	雒建斌	清华大学	国家科学技术进步奖二等奖	超精表面抛光、改性和测试技术及其应用研究
2009	伏喜胜	中国石油天然气股份有限公司	国家技术发明奖二等奖	齿轮油极压抗磨添加剂、复合剂制备技术与工业化应用
2012	廖国勤	中国石油天然气股份有限公司	国家科学技术进步奖二等奖	高档系列内燃机油复合剂研制及工业化应用
2012	严新平	武汉理工大学	国家技术发明奖二等奖	船舶动力装置磨损状态在线监测与远程故障诊断技术及应用
2013	徐滨士	中国人民解放军装甲兵工程学院	国家自然科学奖二等奖	面向再制造的表面工程技术基础
2013	刘维民	中国科学院兰州化学物理研究所	国家技术发明奖二等奖	空间长寿命润滑材料与技术
2015	周　峰	中国科学院兰州化学物理研究所	国家自然科学奖二等奖	工程材料表面的润湿及其调控
2015	王家序	重庆大学	国家技术发明奖二等奖	高可靠精密滤波传动技术及系统
2016	王立平	中国科学院兰州化学物理研究所	国家技术发明奖二等奖	强韧与润滑一体化碳基薄膜关键技术与工程应用

关键词索引

J

K

L

M

N

P

Q

R

T

X

Y

Z